Shadi Abras
Stéphane Ploix
Sylvie Pesty

Système Domotique Multi Agent: la Gestion de l'énergie dans l'habitat

Shadi Abras
Stéphane Ploix
Sylvie Pesty

Système Domotique Multi Agent: la Gestion de l'énergie dans l'habitat

Apport d'une approche multi-agents pour la resolution d'un probleme de gestion de l'energie dans l'habitat

Presses Académiques Francophones

Impressum / Mentions légales

Bibliografische Information der Deutschen Nationalbibliothek: Die Deutsche Nationalbibliothek verzeichnet diese Publikation in der Deutschen Nationalbibliografie; detaillierte bibliografische Daten sind im Internet über http://dnb.d-nb.de abrufbar.
Alle in diesem Buch genannten Marken und Produktnamen unterliegen warenzeichen-, marken- oder patentrechtlichem Schutz bzw. sind Warenzeichen oder eingetragene Warenzeichen der jeweiligen Inhaber. Die Wiedergabe von Marken, Produktnamen, Gebrauchsnamen, Handelsnamen, Warenbezeichnungen u.s.w. in diesem Werk berechtigt auch ohne besondere Kennzeichnung nicht zu der Annahme, dass solche Namen im Sinne der Warenzeichen- und Markenschutzgesetzgebung als frei zu betrachten wären und daher von jedermann benutzt werden dürften.

Information bibliographique publiée par la Deutsche Nationalbibliothek: La Deutsche Nationalbibliothek inscrit cette publication à la Deutsche Nationalbibliografie; des données bibliographiques détaillées sont disponibles sur internet à l'adresse http://dnb.d-nb.de.
Toutes marques et noms de produits mentionnés dans ce livre demeurent sous la protection des marques, des marques déposées et des brevets, et sont des marques ou des marques déposées de leurs détenteurs respectifs. L'utilisation des marques, noms de produits, noms communs, noms commerciaux, descriptions de produits, etc, même sans qu'ils soient mentionnés de façon particulière dans ce livre ne signifie en aucune façon que ces noms peuvent être utilisés sans restriction à l'égard de la législation pour la protection des marques et des marques déposées et pourraient donc être utilisés par quiconque.

Coverbild / Photo de couverture: www.ingimage.com

Verlag / Editeur:
Presses Académiques Francophones
ist ein Imprint der / est une marque déposée de
OmniScriptum GmbH & Co. KG
Heinrich-Böcking-Str. 6-8, 66121 Saarbrücken, Deutschland / Allemagne
Email: info@presses-academiques.com

Herstellung: siehe letzte Seite /
Impression: voir la dernière page
ISBN: 978-3-8416-2870-1

A mon fils : Imran Elyas ABRAS

REMERCIEMENTS

La première personne que je tiens à remercier est Sylvie Pesty, ma directrice de thèse, qui a su me laisser la liberté nécessaire à l'accomplissement de mes travaux, tout en y gardant un œil critique et avisé. Nos continuelles oppositions, contradictions et confrontations ont sûrement été la clé de notre travail commun. Plus qu'un encadrant ou un collègue, je crois avoir trouvé en elle une amie qui m'a aidé aussi bien dans le travail que dans la vie lorsque j'en avais besoin.

Que Stéphane Ploix reçoive toute l'expression de ma reconnaissance pour m'avoir proposé ce sujet de recherche dans la continuité de mon stage de Master. Je tiens à le remercier pour son dynamisme et ses compétences scientifiques qui m'ont permis de mener à bien cette étude. Tout au long de ces trois années, il a su orienter mes recherches aux bons moments en me faisant découvrir le domaine de la gestion de l'énergie. Il a toujours été disponible pour des discussions rationnelles. Pour tout cela, sa confiance et aussi son soutien financier en fin de thèse, je le remercie vivement.

Je remercie tout particulièrement René Mandiau, Professeur à l'Université de Valenciennes, du laboratoire LAMIH, ainsi que Rémy Courdier, Professeur à l'Université de la Réunion, du Laboratoire LIM/IREMIA, qui ont accepté de juger ce travail et d'en être les rapporteurs. J'éprouve un profond respect pour leur travail et leur parcours, ainsi que pour leurs qualités humaines. Le regard critique, juste et avisé qu'ils ont porté sur mes travaux ne peut que m'encourager à être encore plus perspicace et engagé dans mes recherches. Leurs commentaires et questions m'ont permis de clarifier ma rédaction et m'ont donné de nouvelles pistes de réflexion.

Je suis très sensible à la présence dans ce jury de Jean-Christophe Visier, Directeur Energie Santé Environnement à CSTB de Paris. Je veux également adresser tous mes remerciements à Michel Tollenaere du laboratoire G-SCOP et Frédéric Wurtz du laboratoire G2Elab d'avoir accepté de faire partie de mon jury. Leurs remarques ont jeté un courant d'air frais qui m'a permis de clarifier certains points de ce manuscrit.

Ce travail a été effectué au Laboratoire LIG et au laboratoire G-SCOP dirigés par Brigitte Plateau et Yannick Frein, qui me font l'honneur de m'avoir accepté dans ces laboratoires. Je les en remercie sincèrement. Je n'oublierai pas les aides permanentes reçues du personnel administratif des laboratoires LIG, G-SCOP, LAG : Béatrice Buccio, Zilora Zouaoui, Fadila Messaoud, Myriam Oliva, Chantal Peuch, Marie-Thérèse Descotes-Genon, Patricia Reynier, Daniel Rey.

Je remercie en vrac les membres (passé et présent) de l'équipe MAGMA-LIG, dirigée par Yves Demazeau. Ils m'ont aidé à supporter cette thèse par leurs discussions et leurs bonnes humeurs. Une pensée émue pour toutes les personnes avec qui j'ai passé des pauses de café pendant ces trois années : Julie Dugdale, Humbert Fiorino, Alexandra Berger-Masson, Xavier Clerc, Joris Deguet, Guillaume Piolle, Hussein Joumaa, Cyrille Martin, Ludivine Crépin et Michelle Denise Leonhardt.

Une pensée forte à toute l'équipe de démarrage du projet « énergie » : Stéphane Ploix, Duy-Long Ha, Jean-Luc Fillon, Erci Zamaï, Mireille Jacomino. Je les remercie vivement.

Toute mon amitié à mes collègues avec qui j'ai partagé le bureau pendant ces années, et avec qui j'ai eu tant de discussions fructueuses : Alexandra Berger-Masson, Edilson Pontarolo, Uta Lösch, Florent De Lamotte, Cyrille Martin et Grégory De Oliveira.

J'ai une dette incomparable envers mes amis qui m'ont supporté dans tous les sens du terme, tout au long de cette thèse. J'exprime toute mon amitié à Gilles et Hanane Grondin, Hala Rifaï, Hala Altawil, Meryem Jabloun, Lamis et Samer Housseno et Sébestian Gros pour leur aide morale.

Je souhaite enfin remercier mes amis, en particulier pour leurs encouragements lors de mon séjour à Grenoble : Hadi Hadi, Yahya Moaz, Sameh Yacoub Agha, Maher Haik, Suleiman Dahshan, Adib Allaham, Rim Larbi, Hanène Chettaoui, Gatfan Hassan, Fatima-Zahra Roki, Fadi Alkhalil, Samer Darwish, Louay Pierre Salam, Abdulhamid Cheick, Abdulkarim Kazan, Ali Kattan, Nasser Khader, Nicole Berthon, Mahmoud Alradi.

Les personnes à qui je dois le plus sont Nabil Abu Shamalla, Lamis et Saleh Amro , Baker Albaker, Jamal Barafi, Firas Almasri, Wassime Deeb de m'avoir supporté durant la dernière ligne droite de cette thèse. Un grand merci est adressé à eux.

Mes remerciements s'adressent à ma famille et tout particulièrement à mon père, mon exemple dans cette vie, et à ma mère. Ils ont montré un profond intérêt pour ma discipline et, grâce à leur confiance, j'ai pu suivre ce chemin difficile. Je ne sais pas si je peux les récompenser de leur longue attente par ces quelques mots de remerciement. Cela va de soi, je remercie mon frère Nezar, ma belle sœur Raouaa et mes sœurs Salma et Nagat ainsi que mes beaux-frères Mahmoud Hawa et Mahmoud Nanaa pour leur irremplaçable et inconditionnel soutien. Je n'oublierais jamais mes oncles et mes tantes et surtout Hamid Abras, Hussein Abras, Ahmad Sami Radwan. Ils ont tous été présents pour écarter les doutes, soigner les blessures et partager les joies. Cette thèse est un peu la leur. Merci à toute la famille d'être toujours à côté de moi.

Table des matières

INTRODUCTION GÉNÉRALE

L'impact de l'Homme sur la nature n'a pas cessé de croître sans que celui-ci ne prenne toujours bien conscience de la dimension finie de son environnement. Au début du XXI siècle, les impacts environnementaux liés aux consommations énergétiques humaines ont commencé à apparaître : pénuries des sources d'énergie primaire, changements climatiques, pollutions, pluies acides, etc. Pour y remédier, il faut inventer une façon de se développer durablement, certains parlant même de décroissance soutenable. Outre la réduction de la consommation d'énergie, de nombreuses pistes liées à la manière de consommer doivent être explorées. Un consommateur peut-il encore puiser de l'énergie à tout moment de la journée ? Jusqu'à présent, les fournisseurs d'énergie se sont équipés pour faire face à toutes les demandes des usagers, sans prendre en considération l'impact environnemental. L'importance de ce problème va croissant, avec les demandes des usagers qui augmentent de plus en plus.

Nous nous appuyons dans ce travail de recherche, sur l'approche Systèmes Multi-Agents pour montrer qu'il est possible dans le contexte de l'habitat d'exploiter des capacités de décision et de communication embarquées dans les équipements domestiques dans l'habitat et dans les sources d'énergie afin d'optimiser la consommation d'énergie. Nous proposons donc un système de gestion de l'énergie pour l'habitat qui est capable de trouver dynamiquement une politique de consommation d'énergie tout en prenant en compte des critères posés par l'usager, les contraintes diverses des équipements et la disponibilité des sources d'énergie.

Ce système est appelé MAHAS : Multi-Agents Home Automation System. Il s'agit d'un système de gestion d'énergie simulant un système énergétique dans un habitat composé de différents équipements et de différentes sources d'énergie. Ce système est adapté à différentes échelles de temps ; il se décompose en un mécanisme anticipatif et un mécanisme réactif. Le mécanisme anticipatif a pour objectif de faire un plan d'affectation de ressources d'énergie en fonction des prévisions de consommation des équipements et en fonction de la disponibilité des sources d'énergie. Ce mécanisme travaille sur des périodes longues (de l'ordre d'une heure). Le mécanisme réactif a pour objectif d'ajus-

11

ter le plan d'affectation et de réagir à des événements imprévus et d'éviter l'interruption totale du service. Ce mécanisme travaille avec les données réelles sur des périodes plus courtes (de l'ordre d'une minute). Cette architecture permet d'appréhender des phénomènes décrits à différentes échelles de temps, et ainsi cela permet de construire une solution intégrant toutes les informations disponibles à différents niveaux d'abstraction.

Plan du manuscrit de thèse

Le manuscrit de thèse est organisé en sept chapitres.

Le premier chapitre analyse le contexte de la gestion de l'énergie, en particulier celui de l'énergie électrique pour mettre à jour la complexité du contexte énergétique dans une phase transitoire pleine d'inquiétudes quant aux problèmes environnementaux : changement climatique, épuisement des réserves d'énergie mondiale, etc.

Le deuxième chapitre expose la notion de système domotique ainsi que les critères essentiels permettant d'apprécier la qualité de la gestion de l'énergie : confort, coût et environnement.

Le troisème chapitre présente un état de l'art sur les travaux liés à l'Intelligence Ambiante et au bâtiment intelligent. Ensuite, nous présentons le domaine de recherche des Systèmes Multi-Agents sur lequel repose notre travail.

Dans le quatrième chapitre, nous identifions les modèles comportementaux des équipements afin de bien caractériser le contexte du problème. Ces modèles nous permettent de décrire l'évolution continue ou discrète des équipements. Nous modélisons les composants du système : les agents. Nous introduisons ensuite une proposition de système de gestion d'énergie dans l'habitat à différentes échelles de temps composé de deux mécanismes : le mécanisme réactif et le mécanisme anticipatif.

Dans le cinquième chapitre, nous introduisons les principes de systèmes de délestage classiques dans l'habitat. Cela permettra de comparer le mécanisme réactif proposé avec un système de délestage classique pour montrer l'efficacité du mécanisme proposé. Nous décrivons ensuite le niveau individuel et le niveau collectif des agents.

Dans le sixième chapitre, nous présentons le principe du mécanisme anticipatif en commençant par une analyse de la nature du problème. Ensuite, nous présentons une approche hybride combinant une méthode à base de métaheuristique et une méthode exacte pour la résolution du problème domotique dans le but de réduire sa complexité.

Dans le septième chapitre, nous reconstruisons l'infrastructure du système pour la gestion d'énergie dans l'habitat en s'appuyant sur les démarches de la méthode de conception orientée Système Multi-Agents. Cela nous permet de vérifier si le système MAHAS peut se traduire dans un cadre des Systèmes Multi-Agents.

Dans la suite de ce manuscrit, les termes « bâtiment » ou « habitat » seront utilisés indifféremment pour couvrir l'ensemble des bâtiments non industriels du secteur Résidentiel-Tertiaire (habitats individuels et bureaux).

Chapitre 1

GESTION DE L'ÉNERGIE : CONTEXTE GÉNÉRAL ET PROBLÉMATIQUE

Ce chapitre est consacré à l'analyse du contexte de la gestion de l'énergie, en particulier celui de l'énergie électrique. Cette analyse vise à éclaircir la complexité du contexte énergétique dans une phase transitoire pleine d'inquiétudes quant aux problèmes environnementaux : changement climatique, épuisement des réserves d'énergie mondiale, etc.

1.1 Introduction

L'actualité récente (prix du pétrole, développement rapide de pays émergents à forte population tels que la Chine, l'Inde ou le Brésil) nous démontre la forte probabilité d'augmentation du coût des énergies fossiles dans un avenir proche, quelle que soit leur nature, et les pénuries à moyen terme pour certaines d'entre elles. Partout dans le monde, les sources d'énergie primaire ou finale sont appelées à se diversifier à différents niveaux (états, régions, villes, bâtiments, particuliers), complexifiant ainsi grandement les problèmes liés à la distribution. À cela s'ajoute la libéralisation des secteurs de l'énergie au niveau Européen qui permettra à terme à tout consommateur de choisir son fournisseur d'énergie. Dans ce contexte, il s'avère que :

— le secteur du bâtiment constitue un gisement potentiel important d'économie d'énergie, notamment par la rationalisation de l'utilisation de l'énergie finale, et plus particulièrement de l'électricité ;

— de nouveaux besoins apparaissent déjà dans certaines parties du monde
quant à la sécurisation de l'approvisionnement en énergie au niveau
local (problème de « Black-out [1] », etc).

1.2 Le contexte énergétique

Au début du XXI siècle, les impacts environnementaux liés aux consommations énergétiques humaines ont commencé à apparaître : pénurie des
sources d'énergie primaire, changement climatique, pollution, pluies acides,
etc. L'Humanité est en train de faire face à une période difficile au niveau
énergétique, les capacités d'adaptation et d'innovation seront déterminantes
pour l'existence de l'Homme dans un milieu avec le niveau de développement
atteint. Bien que réaliser un pronostic fiable sur l'évolution de la production
et de la consommation d'énergie soit extrêmement délicat compte tenu de la
complexité du contexte énergétique mondial et français, la demande d'énergie
augmente de manière continue tandis que la production est dans une phase de
transition complexe pleine d'incertitudes.

1.2.1 Impact des consommations énergétiques

L'homme du vingtième siècle s'est comporté comme si l'énergie était disponible à volonté sans prendre pleinement conscience des effets induits par
l'évolution de son mode de vie. Un pas a été franchi avec la qualification de
l'impact des activités humaines sur l'écosystème du WWF (World Wide Fund
For Nature) qui a proposé la notion d'Empreinte Écologie Mondiale (World
Ecological Footprint en anglais). Il s'agit de la surface exploitée ou consommée
pour les différentes activités humaines. Le rapport du WWF (2004) confirme
que les ressources naturelles consommées par l'humanité sont plus de 20% su-
périeures à celles que la terre peut produire pour une période donnée. L'énergie
représente plus de 50% de l'empreinte totale et augmente de manière continue.
Ce rapport indique que la consommation énergétique mondiale n'a pas cessé
de croître de manière quasiment exponentielle.

Les besoins énergétiques conduisent à l'épuisement de précieuses ressources ainsi qu'à d'importantes pollutions dont les rejets de gaz à effet de
serre. Une des conséquences est que la terre ne cesse pas de se réchauffer depuis la fin du XIX siècle. Ce sont sans aucun doute les activités humaines
qui renforcent les phénomènes d'effet de serre et sont responsables du réchauf-
fement climatique [Multon *et al.* (2003)]. Il est principalement dû au rejet de

---

1. Le *Black-out* désigne une coupure d'électricité à large échelle concernant plusieurs
régions voire la totalité d'un pays.

gaz carbonique dans l'atmosphère suite à l'utilisation de combustibles. Aujour-d'hui, notre planète ne peut absorber que la moitié des 7 milliards de tonnes de carbone rejetés annuellement, et si la tendance n'est pas inversée, dans 20 ans, cette quantité aura encore augmenté de 50%.

L'énergie non-renouvelable représente 86, 8% de la consommation totale. Le pétrole représente la plus grande partie (34, 3%), suivi du charbon (25, 1%), puis du gaz naturel (20, 9%) et le nucléaire (6, 5%) [IEA (2006)]. Évidemment, l'existence humaine dépend fortement des ressources énergétiques. Pouvons-nous continuer à consommer de cette manière tout en préservant notre éco-système ? Combien nous restera-t-il d'énergie primaire pour notre futur ? Les scénarios d'évolution sont nombreux, il est extrêmement difficile de prévoir exactement comment l'Humanité va se développer : la population va-t-elle continuer à croître, stagner ou décroître ? D'après des énergistes Multon *et al.* (2004), une croissance de la consommation mondiale principalement due au développement des pays émergents (la Chine, l'Inde, etc...) est très probable. Il est ainsi prévisible que nous épuiserons le gaz et le pétrole durant le XXI siècle.

Les carburants fossiles représentent un enjeu politico-économique majeur et sont ainsi l'objet de conflits permanents, surtout pour le pétrole qui est aujourd'hui une ressource incontournable dans le domaine des transports.

Les prévisions de la production de pétrole [Laherrere (2003)] les plus opti-mistes tablent sur la capacité d'innovation technologique permettant d'amélio-rer le rendement de ces gisements et de rendre exploitables les gisements non conventionnels tels que les pétroles extra-visqueux ou les sables asphaltâtes (ré-serves pratiquement équivalentes aux réserves de pétrole conventionnelles du Moyen Orient). Ces mêmes prévisions n'envisagent pas de pic de production avant 2040 environ tandis que les prévisions les plus pessimistes le prévoient aux environs de 2015, voire plus tôt. On notera également que la majeure par-tie des réserves de pétrole conventionnelles est située dans des pays sujets à de fortes tensions politiques. C'est la raison pour laquelle des conflits à répé-tition s'y déroulent. En conséquence, cela implique des perturbations sur la production et des fluctuations sur le cours du pétrole.

Concernant le gaz, les réserves sont plus importantes comparées à celles du pétrole. Cependant, on peut constater que les importations européennes ont déjà commencées à s'amplifier fortement. Compte tenu du faible nombre de fournisseurs (principalement la Russie) et du fait que le gaz est de 7 à 10 fois plus cher à transporter que le pétrole, on peut s'attendre également à de fortes augmentations de prix.

Par ailleurs, on peut constater l'influence grandissante du charbon pour lequel il reste des réserves mondiales assez importantes. Il est très probable que son exploitation va connaître une forte augmentation dans le prochain siècle

[Multon *et al.* (2004)]. L'utilisation trop intensive pourrait s'avérer catastrophique au niveau de l'environnement du fait de l'émission de gaz à effet de serre.

En 1997, pour lutter contre le changement climatique en réduisant les émissions de gaz carbonique, le protocole de Kyoto a été ratifié par 165 pays industrialisés : 35 d'entre eux et l'union européenne se sont engagés à réduire d'ici 2012 leurs émissions de gaz à effet de serre de 5, 2% par rapport à celles de 1990. Les engagements souscrits par les pays développés sont ambitieux. Pour faciliter leur réalisation, le protocole de Kyoto prévoit, pour ces pays, la possibilité de recourir à des mécanismes dits « de flexibilité » en complément des politiques et mesures qu'ils devront mettre en oeuvre aux plans nationaux [BMU (2006a)]. Le Protocole de Kyoto est la première étape pour aller vers un développement durable de l'Humanité, un développement qui consiste à répondre aux besoins du présent mais sans compromettre la capacité des générations futures de répondre aux leurs. L'objectif du développement durable est de définir des schémas qui concilient les trois aspects économique, social et environnemental des activités humaines. Autrement dit, il concerne tous les pays, toutes les entreprises, tous les humains qui doivent mieux utiliser les ressources de la terre en réduisant les consommations inutiles et les pollutions non justifiées.

1.2.2   Le contexte énergétique au niveau français

La France constitue un cas un peu à part au niveau mondial. Elle est naturellement pauvre en ressources énergétiques et une grande part de ses besoins sont couverts par des énergies importées. Grâce à la forte nucléarisation du parc de centrales françaises, car la France est le deuxième producteur d'énergie nucléaire au monde [DGEMP (2007)], la France est moins dépendante que d'autres pays européens à l'évolution du coût des énergies fossiles. Toutefois, aux heures de pointes, il n'en est pas de même car l'électricité est majoritairement produite par des centrales thermiques classiques. Cependant, l'évolution du contexte mondial pourrait avoir des incidences sur les coûts d'approvisionnement en uranium. Les États-Unis ont annoncé récemment la relance de leur programme nucléaire, tandis que certains pays émergents affirment leur volonté d'accéder à cette énergie.

Dès 2006, un nouveau dispositif de certificats d'économies d'énergie commence à se mettre en place en France. Il est destiné à favoriser la réduction de la consommation d'énergie dans l'habitat. S'inspirant des exemples anglais et italiens, il repose sur l'obligation faite aux quelques 4000 vendeurs d'énergie (électricité, gaz, fioul domestique, chaleur, froid), dont EDF et Gaz de France, d'inciter leurs clients, particuliers et entreprises, à mieux isoler les bâtiments, à utiliser des appareils à basse consommation, bref à réaliser des investissements conduisant à des économies substantielles d'énergie. En contrepartie, les fournisseurs d'énergie recevront des certificats attestant du nombre de kWh ainsi économisé.

En ce qui concerne la production d'électricité à partir d'énergies renouvelables, la France vise le même objectif que celui de l'Union Européenne. Le livre blanc de 1997 fixe l'objectif de 12% d'énergie renouvelable pour l'Union Européenne en 2010. La France produit 6% de son énergie à partir de sources renouvelables, 4% provenant de la biomasse (essentiellement le bois) et 2% par l'hydraulique. En revanche, selon [DGEMP (2005)], l'éolien est encore très peu développé bien que, dans des pays comme l'Allemagne et le Danemark, on observe aujourd'hui une forte augmentation depuis les dix dernières années. De même, la France est classée très bas au niveau Européen pour la surface solaire installée.

Un point intéressant à noter dans l'actualité récente est la volonté du gouvernement français d'augmenter les tarifs de rachat de l'électricité photovoltaïque. La France a commencé à rattraper son retard de développement en termes d'énergies renouvelables. Si l'on considère l'exemple allemand dont les tarifs de rachat très avantageux ont fortement profité au développement des installations des panneaux photovoltaïques, on peut s'attendre à un fort développement sur le territoire français.

La complexité du problème posé par la gestion d'énergie est grande. Le problème doit être considéré au niveau international et nécessite la coopération de plusieurs acteurs. Les solutions doivent être recherchées par plusieurs disciplines : l'économie, la politique, la physique, les sciences d'ingénieries. Un point essentiel de la recherche de solutions pourrait se trouver dans une meilleure gestion des systèmes de production, de distribution et de consommation d'électricité. L'objectif serait d'affecter au mieux les ressources énergétiques aux équipements afin de répondre à la demande de l'usager tout en respectant les critères essentiels permettant d'apprécier la qualité de la maîtrise de l'énergie : confort, coût et environnement. C'est l'objet de ce travail.

1.3 La problématique de la production et de la consommation électrique

Dans cette section, nous citons les principaux types d'énergie électrique ainsi que la répartition de la consommation afin de mieux appréhender les enjeux énergétiques. Ensuite nous introduisons les principes généraux des réseaux électriques avant d'aborder le problème de la gestion d'énergie dans le secteur Résidentiel - Tertiaire.

1.3.1 Principaux types de production d'énergie électrique

Énergie non renouvelable

L'électricité peut être produite à partir de plusieurs sources d'énergie. Selon le rapport IEA (2006), on constate la prédominance très forte au niveau mondial de la production d'électricité à partir des combustibles fossiles (39, 8% par le charbon, 19, 6% par le gaz et 6, 7% par le pétrole). La pénurie des sources d'énergie fossiles et la nécessité de restreindre les émissions de gaz à effet de serre causent des tensions sur l'utilisation de ces ressources primaires. Or, ces tensions auront immanquablement des répercussions importantes sur les coûts de l'électricité au niveau mondial ; de plus, cela ne sert pas à réduire les rejets de gaz à effet de serre ce qui a été ratifié par le protocole de Kyoto.

Énergie renouvelable

En prenant en compte la considération du contexte de réduction d'émission de gaz à effet de serre et l'incertitude sur les sources d'énergie fossiles, l'utilisation de sources d'énergie renouvelables commence à être encouragée par les politiques publiques et commence à se répandre. Les énergies renouvelables représentent 13, 3% de la consommation totale d'énergie comptabilisée dans le monde et 18% de la production mondiale d'électricité. L'hydraulique occupe la plus grande partie. Cependant, une analyse détaillée de Observer (2006) montre que :

— parmi les ressources d'énergie renouvelables, la production d'électricité d'origine éolienne a connu la croissance la plus importante avec une augmentation de 28.4% par an en moyenne de 1995 jusqu'en 2005. L'éolien est encore actuellement le mieux placé sur le plan de la rentabilité économique [ADEME (2002)]. Les améliorations technologiques réalisées au cours des deux dernières décennies rendent aujourd'hui la filière fiable sur le plan technologique ;

— l'énergie solaire, qui est au deuxième rang avec une progression annuelle de 19.5%, constitue une énergie facilement exploitable en évolution très forte dans les deux domaines que sont le photovoltaïque et le thermique. En effet, la croissance de l'électricité solaire photovolaique a été de l'ordre de 31.6% par an en moyenne. Le point faible des systèmes photovoltaïques est leur rendement de 12% à 32% et leur rapport important coût d'investissement/énergie produite [BMU (2006b)].

Notons que le rapport sur la production d'énergie mondiale [IEA (2006)] conteste la croissance de la production d'électricité par habitant entre 1995 et

2005 qui ne ralentit que dans les pays postindustriels. Bien que la croissance de la consommation d'électricité par habitant est beaucoup plus faible dans les régions industrialisées comme l'Europe de l'Ouest (1.6% par an en moyenne), dans les pays en développement comme l'Asie de l'Est et du Sud Est, l'augmentation de la consommation par habitant est de plus de 5% par an en moyenne depuis 1995. De plus, la consommation d'électricité au niveau mondial du secteur Résidentiel - Tertiaire et agriculture occupe toujours la plus grande partie de la consommation (plus de 50% de la consommation totale en 2004) sachant que l'équilibre entre consommation et production d'énergie n'est pas encore atteint.

1.3.2   Réseau électrique

Structure du réseau électrique

En général, pour des raisons économiques et techniques, la production d'énergie électrique est géographiquement regroupée, concentrée. Alors que les consommateurs sont distribués et très divers. Afin de fournir l'énergie aux clients, le réseau électrique établit un lien physique entre ces deux acteurs : producteur et consommateur. L'électricité est transportée à haute tension sur le réseau de transport et petit à petit devient à moyenne et basse tension au niveau des consommateurs. L'objectif majeur du réseau électrique est de maintenir l'équilibre en permanence entre la consommation et la production d'électricité.

Quel que soit le pays considéré, les systèmes de production d'énergie électrique sont interconnectés, ils comportent quatre grandes parties :

— les systèmes de production composés de plusieurs groupes (hydrauliques, thermiques classiques ou nucléaires) chargés de fournir de l'énergie au réseau ;

— le réseau de transport à haute tension, chargé de transporter massivement l'énergie sur de grandes distances et d'assurer l'interconnexion entre les centrales de production ;

— les réseaux de distribution à moyenne et basse tension, chargés de livrer l'énergie aux utilisateurs ;

— les centres de conduite et de supervision des réseaux qui peuvent être séparés en deux niveaux selon leurs fonctions : le gestionnaire du réseau haute tension (GRT) et les gestionnaires de réseaux de distribution (GRD) (figure).

En particulier, le réseau électrique français est un ensemble de plus de $100.000MW$ de puissance installée et qui délivre aux consommateurs finaux plus de $80.000MW$ [RTE (2003)]. La gestion du réseau est composée d'un centre de conduite national et de sept centres de conduite régionaux exploitant,

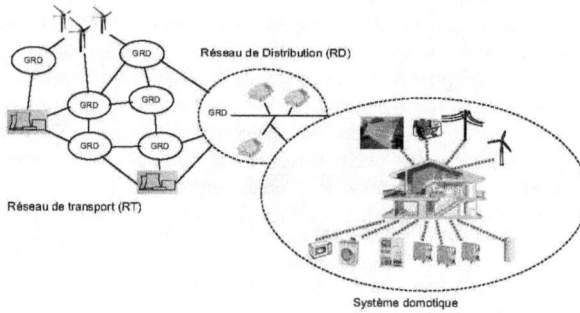

FIGURE 1.1 – *Un réseau électrique.*

chacun dans sa zone d'action et conformément à ses responsabilités, le système électrique. Le réseau français fait partie d'un système de réseaux interconnectés européens qui favorise la mise en place d'un marché unique de l'électricité en Europe.

Exploitation du réseau électrique

Trois objectifs principaux à l'exploitation des réseaux électriques peuvent être identifiés [RTE (2003)] :
— assurer la sûreté de son fonctionnement. Le principe est de maîtriser l'évolution et les réactions du système électrique face aux différents aléas (court-circuit, évolution imprévue de la consommation, indisponibilité de la production ou du transport) ;
— favoriser la performance économique en assurant une meilleure utilisation du réseau ;
— satisfaire les engagements contractuels vis-à-vis des clients raccordés au réseau de transport.

Problématique liée aux pics de consommation

Le problème majeur de l'exploitation du réseau électrique est donc de maintenir, en permanence, l'équilibre entre la production et la consommation d'énergie et donc celui de la planification de la production d'énergie afin de gérer les pics de consommation. Différents moyens peuvent être mis en oeuvre lorsque des pics de consommation sont prévus en particulier en s'appuyant sur des données climatiques ou statistiques d'usage. Selon [RTE (2003)], le record du pic de consommation a augmenté de 23% en 10 ans. Cela implique que la production doit suivre la consommation en augmentant la capacité de production. Or, du fait de l'augmentation perpétuelle des pics de consommation, l'impact négatif sur l'environnement va croissant ([Boivin (1995)], [G. Thomas (2000)]).

Réduire les pics de consommation représente donc un enjeu majeur. Une solution peut venir de l'exploitation des possibilités de flexibilité des besoins, en glissant une partie de la consommation en période creuse ou bien en coordonnant les différents consommateurs pour arriver à mieux gérer la consommation globale. Il en résultera une réduction de l'impact environnemental ainsi qu'une réduction du coût de production. Nous verrons que nous nous appuyons sur ce principe de coordination dans la conception du système que nous proposons.

Maîtrise de l'énergie dans le secteur Résidentiel - Tertiaire

Les 28, 9 millions de logements du parc résidentiel français représentent les deux tiers de la consommation énergétique liée au bâtiment. 70% de la consommation du secteur tertiaire est due au chauffage. Ce parc est très inégal d'un point de vue énergétique, notamment à cause de la présence d'une importante part de logements anciens (environ 2/3 du parc). Le taux de renouvellement de l'habitat est quant à lui de l'ordre de 1% par an. Ces deux éléments conduisent naturellement à considérer comme particulièrement importants la rénovation et l'aménagement de l'habitat ancien à l'aide de technologies innovantes.

Le secteur tertiaire se caractérise quant à lui par une grande diversité des usages de l'énergie et par des consommations variables selon la fonction du bâtiment (enseignement, bureaux, commerces et santé). La caractéristique majeure du tertiaire est l'intermittence des consommations, du fait d'une occupation partielle des locaux.

Les changements de comportement et de technologies nécessaires dans le secteur de l'habitat ne pourront se faire que grâce à une coopération entre les acteurs du secteur industriel, des collectivités, du grand public, à travers des campagnes d'information et de sensibilisation. Ménézo *et al.* (2007) présentent le portrait d'un bâtiment du futur avec les solutions technologiques qui permettent d'intégrer au bâtiment des systèmes de production d'énergie à partir de sources d'énergie renouvelables.

Ménézo *et al.* (2007) ont également montré la nécessité du développement de la production d'électricité décentralisée dans le secteur du bâtiment. Progressivement, grâce à ses sources locales, le bâtiment est de plus en plus autonome au niveau énergétique, il devient un producteur d'énergie plus efficace pour lui-même au lieu d'être un simple consommateur. Pourtant, la production et la consommation d'énergie doivent être anticipées et coordonnées en fonction de la caractéristique du bâtiment. Pour exploiter efficacement les différentes sources d'énergie, elles devront être contrôlées et suivies par un système de surveillance et pilotage intelligent prenant en compte le critère de confort de l'usager et le coût. Ce système doit être capable d'anticiper l'intermittence caractéristique des sources locales en satisfaisant la contrainte de sécurité d'approvisionnement de l'énergie.

Que ce soit dans le cadre d'un bâtiment « classiquement » connecté au fournisseur national (EDF) ou bien d'un bâtiment autonome en matière de production d'énergie, ou encore de celui d'un bâtiment connecté au réseau national mais disposant de sources d'énergie d'appoint, maîtriser sa consommation est une nécessité pour plusieurs raisons : s'adapter aux ressources énergétiques disponibles (en particulier pour une installation autonome), s'adapter aux fluctuations du coût des énergies et limiter les rejets de gaz à effet de serre dans l'environnement.

De plus, le consommateur final peut bénéficier d'avantages pour réduire sa facture énergétique tout en ayant une meilleure garantie d'approvisionnement en électricité. Enfin, le producteur d'énergie peut optimiser son plan de production en façonnant la courbe de charge en limitant par exemple les pics de consommation. La tarification par tranche dynamique pourra être proposée, modulable suivant l'heure, et aura certes un effet dissuasif, mais elle ne sera vraiment efficace qu'avec une adaptation en temps réel et surtout une coopération des consommateurs.

1.4 Conclusion

Un consommateur peut-il encore puiser de l'énergie à tout moment du jour ? Jusqu'à présent, les fournisseurs d'énergie se sont équipés pour faire face à toutes les demandes des usagers sans prendre en considération l'impact environnemental. L'importance de ce problème va croissant d'autant que les demandes des usagers augmentent de plus en plus. La solution peut venir d'une meilleure exploitation des flexibilités des besoins en glissant une partie de la consommation en période creuse ou bien en coordonnant les différents consommateurs pour arriver à mieux gérer la consommation globale. Il en résultera une réduction de l'impact environnemental ainsi qu'une réduction du coût de production.

Ce travail se focalise sur le pilotage de la consommation énergétique du bâtiment de type Résidentiel - Tertiaire. Il examine le moyen de coordonner automatiquement les sources d'énergie avec les équipements pour réguler et optimiser la consommation d'énergie.

Chapitre 2

SYSTÈME DE GESTION DU FLUX ÉNERGÉTIQUE DANS LE BÂTIMENT

Ce chapitre a pour objectif principal de présenter la notion de système domotique ainsi que les critères essentiels permettant d'apprécier la qualité de la maîtrise de l'énergie : confort, coût et environnement. De nos jours, un système domotique doit être capable de réaliser plusieurs fonctions parmi celles-ci ; se trouvent notamment l'économie et la gestion technique, l'information et la communication, la maîtrise du confort, la sécurité et l'assistance.

2.1 Les systèmes domotiques

La domotique est l'ensemble des techniques visant à automatiser les différentes tâches quotidiennes au sein d'un habitat, telles que la gestion de l'énergie, la gestion des alarmes et la communication. L'immotique est son homologue à l'échelle du bâtiment (généralement en milieu commercial).

La notion de « système domotique » et « système immotique » (les termes en anglais sont Home Automation System et Building Automation System) est apparue dès les années 80. A l'origine, la domotique ne visait qu'à offrir à l'usager plus de confort : plus de loisirs et plus de services, grâce à l'existence d'un réseau domestique de communication et de dialogue permettant la coopération inter-services (automatisme de volets, éclairage, etc). Cela relevait même parfois plus de la fiction que du souci de rationaliser la gestion énergétique.

La gestion de l'énergie n'est pas une nouvelle application des systèmes domotiques et immotiques. Dans ([Wacks (1991)], [Wacks (1993)]), la maîtrise de la demande d'énergie dans l'habitat était introduite en utilisant un système domotique. La notion de système de gestion d'énergie dans le bâtiment (energy management and control system) est présentée dans [Stum *et al.* (1997)]. Ce système consiste en un ensemble d'équipements dotés de microcontrôleurs ayant des capacités de communication via des protocoles standard, un système de contrôle-commande centralisé et une interface homme-machine permettant de réaliser certaines fonctions d'optimisation, de conduite et de suivi de la consommation d'énergie. Généralement, ces systèmes visent les bâtiments tertiaires commerciaux pour gérer le chauffage, la climatisation, l'eau chaude sanitaire et l'éclairage.

Hatley *et al.* (2005) a réparti les fonctionnalités et les capacités d'un système de gestion d'énergie en trois catégories :

— les fonctions basiques sont des fonctions générales équipant la plupart des systèmes actuels. Elles sont faciles d'installation (par exemple, la régulation et la programmation du chauffage) ;

— les fonctions intermédiaires sont les fonctions en cours de généralisation et qui seront de plus en plus installées dans un futur proche. Certaines fonctions intermédiaires comme le délestage sont déjà bien présentes dans les bâtiments ;

— les fonctions avancées en sont au stade de recherche et font notamment l'objet de ce travail. La complexité de l'installation de ces fonctions dans les systèmes actuels est une des raisons pour lesquelles, elle ne sont pas encore disponibles.

2.2 La maîtrise de l'énergie dans un bâtiment

Un bâtiment peut être décrit en terme de fonctions énergétiques et d'équipements. Angioletti et Despretz (2004) proposent de classer les fonctions énergétiques en deux catégories :

— les fonctions générales, qui correspondent à 80% de la consommation totale. Ce sont les fonctions de chauffage, de climatisation, de ventilation, d'éclairage et de production d'eau chaude sanitaire. Elles consomment une grande quantité d'énergie et correspondent aux besoins essentiels des usagers ;

— les fonctions spécifiques ou auxiliaires comme la cuisson, la production de froid (congélateur) et les services électroménagers. Ces fonctions correspondent à des besoins spécifiques de l'usager.

Dans le secteur résidentiel, les études sur l'ensemble des logements construits en France depuis vingt ans montrent une forte augmentation de la consommation due aux appareils électroménagers [Sidler (2002)]. Dans certains logements, cette consommation peut être deux fois plus importante que la consommation due au chauffage. [Castagnoni (2003)] montre une forte évolution de l'achat d'appareils ménagers : augmentation de 45% en dix ans (1985 − 1994) contre une réduction des achats de 28% en appareils de chauffage

(chauffage électrique et chauffe-eau). Les fonctions spécifiques jouent donc un rôle aussi très important dans la maîtrise de l'énergie.

La maîtrise de l'énergie au sens large est un problème de gestion des flux, tant énergétiques qu'informatiques :

— énergétiques : transformation, stockage, répartition, coordination de différentes sources d'énergie (producteurs d'énergie) avec différentes charges (consommateurs d'énergie) ;

— informatiques : les informations sur la fluctuation du tarif de l'énergie, des données météorologiques.

La maîtrise de l'énergie a pour objectif d'affecter les ressources énergétiques aux équipements afin de répondre à la demande de l'usager. La gestion des flux énergétiques dans le bâtiment vise donc à satisfaire plusieurs critères qui peuvent être divisés en trois catégories principales (figure 2.1) :

— **critères de confort** de l'usager qui consistent à réaliser un ensemble de fonctions énergétiques dans le bâtiment pour satisfaire la demande de l'usager. Le système de gestion des flux énergétique dans le bâtiment doit garantir au minimum la sécurité d'approvisionnement en ressource ou une partie essentielle des besoins qui peuvent être caractérisés par des critères de confort (thermique, visuel ou acoustique) ;

— **critères économiques et financiers** qui correspondent aux coûts d'investissement et de fonctionnement du système. Les critères considérés peuvent être le retour sur investissement et le coût d'exploitation. Ces critères sont fortement tributaires du coût d'achat et de rachat de l'énergie mais aussi de l'investissement des appareils ;

— **critères environnementaux** qui correspondent à la réduction de la pollution et au respect des contraintes écologiques. Dans le contexte actuel, les contraintes écologiques liées aux émissions de gaz à effet de serre n'existent pas encore dans le secteur résidentiel - tertiaire. Le développement durable doit se baser sur la responsabilité de chacun.

Plusieurs travaux ont été faits sur la maîtrise d'énergie dans l'habitat en s'intéressant à un ou plusieurs critères. Dans les paragraphes suivants, nous présentons des exemples de systèmes respectant un ou plusieurs de ces critères.

2.2.1   Un système « orienté service »

Donsez *et al.* (2007b) s'intéressent au critère de confort de l'usager. Ils proposent une plate-forme orientée services pour faciliter le développement d'un système domotique. Plusieurs applications fonctionnent sur cette plate-forme où chaque application coordonne ses actions sur des équipements pour offrir des services aux utilisateurs dans l'habitat. [Donsez *et al.* (2007a)] propose une architecture ouverte pour implémenter ces applications (figure 2.2).

FIGURE 2.1 – Critères de la maîtrise de l'énergie

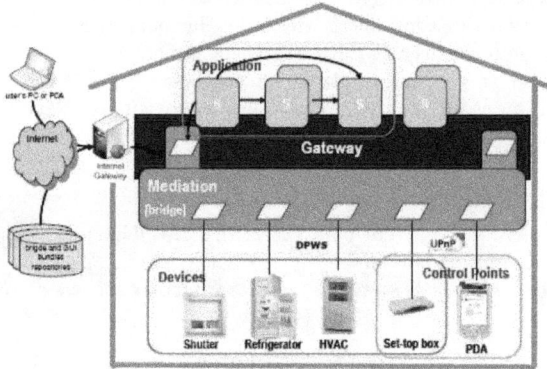

FIGURE 2.2 – Architecture de la plate-forme orientée services [Donsez et al.
(2007a)].

Un service est défini comme l'élément fondamental de la plate-forme. Bien entendu, les fournisseurs du service rendent effectif une spécification des fonctionnalités des services spécifiques et les consommateurs du service savent comment réagir avec les services qu'ils demandent. La plate-forme proposée nécessite que les équipements puissent réagir entre eux pour qu'ils puissent fournir des services. Pour cela, des passerelles ont été ajoutées : l'objectif de ces passerelles est de coordonner le fonctionnement de multiples équipements et d'assurer une interaction naturelle avec les utilisateurs. Pour le moment, la plate-forme peut coordonner le fonctionnement de certains équipements comme les lumières et les radiateurs.

Cependant ce système ne s'intéresse qu'à l'aspect de confort sans prendre en considération le fait que les capacités des sources énergétiques sont limitées en termes de production.

2.2.2 Un système de gestion de la prédiction de consommation

La gestion de l'énergie peut être formulée comme un problème de planification où l'énergie fournie est considérée comme une ressource partagée par les équipements, et les périodes de consommation d'énergie sont considérées comme des tâches. En général, ces approches coordonnent les activités de la consommation en les planifiant au plus tôt possible pour réduire la consommation totale en prenant en compte les capacités des sources d'énergie.

Penya et Sauter (2004) présentent une approche distribuée de la charge du réseau basée sur le paradigme des Systèmes Multi-Agents au niveau de la communication. Contrairement à une approche traditionnelle où tout le contrôle de la gestion d'énergie est centralisé en un point, ils proposent une distribution des tâches du contrôle entre plusieurs unités qui communiquent et coopèrent pour améliorer les fonctionnalités du contrôle global. Cette approche ne distingue pas les prédictions d'énergie des valeurs effectives où la solution proposée est donc basée uniquement sur les prédictions de la consommation de l'utilisateur pour une journée [Penya (2003)].

Cependant ce système ne s'intéresse qu'à l'aspect économique sans prendre en considération l'aspect de confort des habitants ou l'aspect environnemental. De plus, ce système ordonnance la consommation sur du long terme en s'appuyant sur les prédictions d'énergie sans tenir compte de la consommation en temps réel.

2.2.3 Un système centralisé de gestion de l'énergie

Ha *et al.* (2006a) propose un système avancé de gestion de la consommation et de la production d'énergie dans le bâtiment. L'objectif de ce système est de mieux maîtriser la consommation en exploitant les degrés de liberté offerts par l'usager et ceux liés au fonctionnement des équipements ([Ha *et al.* (2005a)], [Ha *et al.* (2005b)]). Les flexibilités sont de pouvoir modifier le fonctionnement d'un équipement, par exemple : décalage ou interruption du fonctionnement. Cela se fait en dotant les équipements domestiques de facultés de communication et en utilisant des algorithmes d'optimisation appropriés.

Ce système a été développé du laboratoire G-SCOP ; nous le décrivons plus précisément dans les paragraphes suivants car nous le comparerons à notre système, qui lui, suit une approche multi-agents et est décentralisé.

Modèle de comportement des équipements

Les modèles de comportement du système jouent un rôle très important pour l'exploitation des flexibilités de fonctionnement des équipements. Le système proposé par Ha (2007) gère les différentes activités énergétiques en identifiant deux types de modèles de comportement : les modèles dynamiques continus et les modèles d'automates à états finis. Les modèles de comportement jouent un rôle très important pour l'exploitation des flexibilités de fonctionnement des équipements.

Le modèle de comportement dynamique correspond à des environnements thermiques. Il permet de décrire l'évolution continue de certaines activités comme le chauffage et la climatisation. Ce modèle de comportement dynamique de certaines variables d'état de l'environnement est écrit sous la forme d'un système d'équations différentielles. Par exemple : un modèle de transmissions des flux énergétiques dans une pièce est présenté dans Kampf et Robinson (2006).

Cependant, les modèles de comportement dynamiques ne permettent pas de modéliser les comportements de tous les équipements comme une machine à laver, un four, etc.

C'est pourquoi, un modèle à états finis est proposé pour modéliser ce type de comportement [Brandin et Wonham (1994)]. Un automate à états finis est constitué d'états notés $\{E\}$ et de transitions $\{T\}$. Un automate forme naturellement un graphe orienté étiqueté, dont les états sont les sommets et les transitions les arêtes étiquetées par des conditions de changement d'état. Pour certaines catégories d'équipements, la modélisation par automate à états résume naturellement le comportement de l'équipement. Pour définir un modèle de comportement de type *automate*, le fonctionnement d'un équipement est décomposé en plusieurs phases qui correspondent à un ensemble d'états

$\{E\}$ auxquelles sont associées des conditions de changement d'état qui correspondent à l'ensemble des transitions $\{T\}$ de l'automate.

Un modèle de comportement dynamique hybride peut également être défini. En effet, certains équipements fonctionnent par étapes, mais chaque étape peut être décrite par un modèle de comportement dynamique continu ; par exemple, un modèle comportemental d'une batterie qui fonctionne en trois étapes : charge, décharge et déconnexion du réseau.

Optimisation multi-échelle

Dans [Ha (2007)], un système de conduite est proposé dans le but d'optimiser le confort de l'usager ainsi que les coûts économiques et environnementaux. Le système est adapté à différentes échelles de temps. Il se compose de deux mécanismes : un mécanisme de prédiction / ordonnancement prévisionnel et un mécanisme d'ordonnancement en temps réel. Le rôle du mécanisme de prédiction / ordonnancement prévisionnel est de rechercher des ordonnancements à long terme s'appuyant sur les prévisions de consommation des équipements. Ce mécanisme construit un plan des consommations à l'horizon d'une journée et la période d'échantillonnage est de l'ordre de l'heure. Lorsqu'une contrainte est violée lors de l'application du plan parce que des perturbations imprévues se sont produites, un mécanisme d'ordonnancement temps - réel ajuste le plan construit par le mécanisme de prédiction.

Le mécanisme d'ordonnancement temps - réel est un complément au mécanisme de prédiction. Il aide le mécanisme de prédiction à réaliser le plan d'affectation des ressources d'énergie en tenant compte des contraintes énergétiques et du confort de l'usager. Le mécanisme d'ordonnancement temps réel a un horizon temporel court de l'ordre de la minute mais un temps de réponse beaucoup plus rapide que celui du mécanisme de prédiction. Un troisième mécanisme est parfois présent. C'est le mécanisme de commande locale liée à l'équipement dont le rôle est d'appliquer les consignes provenant du mécanisme d'ordonnancement temps réel.

Planification de consommation et production d'énergie

Ha (2007) utilise la logique booléenne, intégrée aux équations différentielles, pour formuler le problème de gestion de l'énergie dans le bâtiment dans un cadre général sous forme de programmation linéaire mixte en prenant en compte les trois critères de la maîtrise de l'énergie : écologique, économique et confort de l'usager. Une formulation mathématique couvrant tous les éléments de la gestion d'énergie a été proposée. En se basant sur la formulation mathématique proposée, plusieurs approches de résolution à base de métaheuristiques hybrides et de programmation dynamique sont proposées [Ha *et al.*

(2006b)]. Une métaheuristique hybride est une approche résultant de la combinaison d'une métaheuristique et d'une méthode de résolution exacte. La métaheuristique consiste à décomposer le problème complexe en un ensemble de sous problèmes de complexité moindre dans le but généralement d'accroître la convergence vers une bonne solution. La méthode exacte permet ensuite de trouver la solution optimale aux sous-problèmes.

La démarche générale de l'approche hybride est composée de trois phases principales :

— Recherche d'une solution admissible : on cherche rapidement une solution admissible. La recherche en profondeur d'abord est préférée ;
— Convergence rapide vers une bonne solution : l'idée principale est de partir de la meilleure solution courante en appliquant le principe de "diviser et conquérir". Dans cette phase, les métaheuristiques ou les heuristiques vont intervenir pour construire un ensemble de sous-problèmes à partir d'un problème initial et de la meilleure solution courante ;
— Amélioration éventuelle de la solution et validation : avec la nouvelle solution obtenue dans la phase précédente, on peut poursuivre la procédure d'optimisation en éliminant les branches qui ne mènent pas à la solution optimale (en comparant avec les solutions trouvées dans la phase précédente). Dans cette phase, la recherche en largeur d'abord est utilisée.

Afin de résoudre la deuxième phase, trois métaheuristiques connues ont été implémentées : la recherche tabou, le recuit simulé et l'algorithme génétique [Ha *et al.* (2006b)].

L'optimisation se fait par un solveur en collectant tous les modèles de comportement des équipements et toutes les données nécessaires pour que ce solveur puisse faire un plan de consommation et de production d'énergie. Or, cela nécessite de connaître tous les modèles de comportement des équipements sachant que les fabriquants ne fournissent généralement pas le leur pour des raisons souvent de concurrence. Cette approche s'adapte difficilement aux contextes réels des systèmes domotiques parce que l'approche n'est pas adaptée à des configurations/reconfigurations fréquentes et diverses ; cela ne permet pas d'avoir un système ouvert où des équipements peuvent être ajoutés ou enlevés sans reprendre la configuration du système et sans remettre en cause le fonctionnement global de l'algorithme d'optimisation qui doit être capable potentiellement d'appréhender tout type de contraintes.

2.3   Conclusion

Ce chapitre a été consacré à la présentation de la notion de système domotique ainsi qu'aux critères essentiels de la maîtrise de l'énergie. Un système domotique de gestion d'énergie doit être capable d'optimiser plusieurs aspects : confort, coût et environnement.

Il doit aussi être distribué parce qu'un système de gestion de l'énergie dans l'habitat est un système qui a généralement accès à l'énergie produite par des producteurs distants (via le réseau de transport/distribution électrique national), mais qui peut également disposer de ses propres sources d'énergie (par exemple : solaire, éolienne, et pile à combustible). De plus, des équipements (ou de nouveaux types d'équipements) doivent pouvoir être ajoutés ou enlevés à tout moment sans remettre en cause le fonctionnement global du système.

Du fait du nombre et de la diversité des acteurs de l'habitat, il est essentiel de s'orienter vers des solutions qui favorisent la modularité. Ainsi, il faudrait pouvoir embarquer les modèles d'un équipement ainsi que les algorithmes correspondant dans un composant logiciel fermé doté d'interfaces standardisées. Cela oriente les recherches vers l'informatique distribuée en favorisant l'autonomie des composants et l'asynchronisme. Le besoin d'auto-adaptation structurel, plus techniquement le besoin d'équipements plug-and-play, conduit à penser que le paradigme multi-agents est une voie intéressante à explorer. Ainsi, il serait possible de ne partager qu'un minimum de connaissances entre modules et de fonctionner de manière asynchrone par échange de messages à l'image d'une société humaine. C'est pour cela que nous présentons dans le chapitre suivant le paradigme des Systèmes Multi-Agents que nous pensons adapté à la problématique de la gestion d'énergie dans l'habitat.

Chapitre 3

INTELLIGENCE AMBIANTE & SYSTÈMES MULTI-AGENTS

Ce chapitre est consacré à un état de l'art sur les travaux liés à l'Intelligence Ambiante et aux Systèmes Multi-Agents. Nous les présentons en deux temps.

D'abord, nous présentons l'Intelligence Ambiante et son concept. Ensuite, nous présentons un panorama des Systèmes Multi-Agents ainsi que certains des travaux utilisant cette approche pour résoudre le problème de la maîtrise de l'énergie dans l'habitat.

3.1 L'intelligence ambiante

Les évolutions technologiques font que les calculateurs deviennent de plus en plus petits. Ainsi par la petitesse de ces nouveaux systèmes, il devient aisé de déployer ces systèmes dans les objets de la vie courante comme le mobilier, les vêtements et les véhicules. De ce fait, on parle d' « intelligence ambiante » ; par définition, le mot « ambiant » est un adjectif qui fait référence à l'environnement où l'on vit et qui nous entoure ; l'intelligence est une aptitude à analyser une situation et à s'y adapter. Le terme d'intelligence ambiante [Hellenschmidt et Kirste (2004)] est de plus en plus répandu, et correspond de l'avis de tous à un thème de recherche important pour le développement des technologies de l'information et de la communication. Ce concept repose sur le développement de nouvelles interfaces mettant en œuvre des détecteurs, des puces de communication, des logiciels de synthèse, de la reconnaissance vocale, etc.

3.1.1   Le concept d'intelligence ambiante

Les progrès marqués et rapides des recherches et des technologies permettent d'envisager aujourd'hui un environnement, dans lequel un individu (ou un groupe) se déplace ou agit, capable de « comprendre » les caractéristiques spécifiques de l'individu (du groupe), de s'adapter à ses besoins, de répondre intelligemment à ses demandes ou de réagir de façon appropriée à ses gestes, d'une façon naturelle et intuitive. Bien entendu, cet environnement doit respecter les besoins de sécurité et de confidentialité de l'individu adaptés aux situations rencontrées.

Dans ce domaine de recherche de l'intelligence ambiante *AmI*, les scénarios imaginés sont nombreux. Pour donner une idée, citons l'exemple d'un voyageur qui arrive dans l'aéroport d'une ville étrangère, où un programme d'intelligence ambiante a été mis en place [Démoutiez (2005)]. Grâce à ce système, son identité est vérifiée immédiatement par les services de l'immigration. La voiture qu'il a louée s'ouvre à son approche. Arrivé à l'hôtel, sa chambre s'adapte à sa personnalité : température, musique, éclairage, etc.

L'*AmI* se situe à la convergence de différents domaines de recherche [Weiser (1995)]. Des caractréstiques peuvent être dégagées, principalement :

— L'ubiquité : la capacité pour l'utilisateur d'interagir, n'importe où, avec une multitude d'appareils interconnectés, de capteurs, d'activateurs, et plus globalement avec les systèmes électroniques « embarqués » (embedded software) autour de lui. Tout cela à travers des réseaux adaptés et une architecture informatique très distribuée ;

— L'attentivité : la faculté d'un système à sentir en permanence la présence et à localiser des objets, des appareils et des personnes pour prendre en compte le contexte d'usage. Toutes sortes de capteurs sont nécessaires à cette fin : caméras, micros, radars, capteurs biométriques, ainsi que la technologie des puces et lecteurs à radio-fréquence (RFID) pour l'identification ;

— L'interaction naturelle : l'accès aux services doit pouvoir se faire de la façon la plus naturelle / intuitive possible. A la différence des interfaces traditionnelles de l'univers informatique (dénommée WIMP : Windows, Icons, Menus and Pointing device), l'interface homme-machine devient multimodale. Elle s'articule autour de la reconnaissance vocale, gestuelle ou la manipulation d'objets réels ;

— L'intelligence : la faculté d'analyse du contexte et l'adaptation dynamique aux situations. Le système doit apprendre en se basant sur les comportements des utilisateurs afin de leur répondre au mieux. Cela implique des capacités de stockage, de traitement et des algorithmes de modélisation.

Bien sûr l'accès à cette intelligence ambiante doit être aussi simple que possible et les services offerts doivent être adaptés au contexte de l'usager, à sa situation. Un certain nombre d'obstacles se trouvent sur le chemin menant une telle perspective à la réalité : ils concernent essentiellement la gestion de la complexité engendrée par la multiplicité des attentes des utilisateurs et la confiance des utilisateurs envers les services qui leur sont offerts.

Mais dans le domaine de l'intelligence ambiante, les recherches se sont majoritairement tournées vers l'habitat et le bâtiment.

Dans le Laboratoire d'Informatique de Grenoble (LIG), des chercheurs travaillent autour de la notion du « bâtiment intelligent ». C'est un domaine qui concerne toute forme d'usage des technologies de la communication pour améliorer la qualité de vie de ses habitants. Ce bâtiment est capable de percevoir, de raisonner et d'agir sur son environnement afin de fournir des services comme la sécurité, la gestion de l'énergie, la surveillance adaptée des personnes dépendantes, etc.

Nous présentons dans la section suivante quelques travaux liés au domaine de l'intelligence ambiante dans l'habitat.

3.1.2 L'intelligence ambiante pour l'habitat

De nombreux travaux dans le domaine de l'intelligence ambiante s'intéressent à l'habitat résidentiel, par exemple :

— Crowley (2006) travaille sur la surveillance médicale dans un habitat dit « intelligent ». Cela a pour objectif de contribuer au maintien de patients à leur domicile en transmettant les alarmes vers des centres dévolus à la surveillance médicale ;

— Gárate *et al.* (2005) ont développé un réseau d'appareils (réfrigérateur, télévision, etc) connectés et gérés par un contrôleur central. Dans ce réseau, l'utilisateur peut dialoguer avec ses appareils et demander en langue naturelle les services et fonctionnalités que ces appareils offrent ;

— Le *et al.* (2007) s'intéressent à la reconnaissance des activités de la vie quotidienne d'une personne âgée vivant seule dans un Habitat Intelligent pour la Santé (HIS) équipé de capteurs non invasifs ;

— Lashina (2004) présente le concept prototype de la salle de bain intelligente. Celle-ci comprend un miroir interactif, jouant un rôle central dans les interactions et pouvant interagir avec des composants régulièrement utilisés dans la salle de bain (affichant le poids inscrit sur un pèse-personne, activant un coach de santé, etc).

Dans les travaux de Friedewald *et al.* (2005), c'est tout un concept de « maison intelligente » qui a été défini pour aider les habitants à vivre mieux. Cette maison réalise des tâche automatiquement, réagit à la moindre volonté de l'habitant et elle en connaît ses habitudes. Quatre domaines caractéristiques sont définis :

— les automatismes : ils permettent d'améliorer la sécurité et d'augmenter l'autonomie énergétique. Ils contrôlent des fonctions comme le chauffage, la ventilation, la climatisation, le multimédia et bien d'autres équipements à commande électronique. Ils intègrent aussi la reconnaissance des habitants dans le but, par exemple, de jouer leurs musiques et leurs chaînes TV préférées, d'adapter la luminosité et le chauffage à leurs préférences. Au niveau de la sécurité trois secteurs sont identifiés : sécurité en terme d'alarmes contre le cambriolage, la sécurité en terme de santé et de bien-être des résidents, la sécurité du bâtiment comme les détecteurs incendies ;

— la communication et la socialisation : la maison intelligente permet aux personnes nomades de garder le contact avec leur famille en offrant la possibilité de faire des visioconférences dans toutes les pièces, par exemple avec un écran intégré au réfrigérateur. Une nouvelle forme de sociabilité apparaît : auparavant, il y avait les voisins, les amis et les collègues, maintenant avec internet, apparaissent les amis virtuels et la possibilité d'entrer en relation avec des gens qui partagent les mêmes centres d'intérêts ;

— le divertissement et le repos : il existe des diffuseurs de parfum, des projecteurs de paysage contre les murs, des caméras d'analyse du sommeil, des systèmes de reconnaissance pour identifier l'utilisateur afin d'adapter la température de son bain, ... ;

— le travail : il peut être classé en deux catégories. Dans la première, on trouve le travail d'entretien de la maison, qui est simplifié par des aspirateurs robots, des objets à surfaces autonettoyantes ou une tondeuse qui détecte si la pelouse à besoin d'être tondue ou non. On retrouve aussi de l'intelligence dans la cuisine, avec un réfrigérateur qui connaît nos préférences et évalue son propre contenu, il peut ainsi nous indiquer si l'on est allergique à certains aliments et il peut même nous suggérer une liste de recettes. La deuxième catégorie correspond au télétravail, car comme cette maison est connectée à internet, il devient facile d'effectuer une vidéo conférence avec ses collègues et cela peu importe la pièce où l'on se trouve.

Maintenant, plus proche de la réalité que de la science-fiction, ces maisons du futur sont belles et bien fonctionnelles. Néanmoins elles restent au niveau de prototype. Dans le journal du **CNRS** [CNR], un projet « la maison du futur » est présenté pour construire des bâtiments se tournant résolument vers l'avenir, au nom d'un double principe : mieux construire pour alléger la facture énergétique et rendre les maisons et les bureaux de plus en plus « communicants ». Ce projet vise à réduire la facture énergétique en intégrant aux nouveaux bâtiments une technologie de production d'énergie (habitat générant autant d'énergie qu'il en consomme de Technologies basse consommation et gestion de l'energie dans l'habitat).

Mais face à cette complexité croissante des bâtiments, il faut mettre au point des systèmes de contrôle-commande gérant la production multi-sources et connaissant les caractéristiques dynamiques de l'habitation pour anticiper ses besoins énergétiques et dialoguant avec l'ensemble des composants produisant et stockant l'énergie. Il faut aussi que de tels systèmes de contrôle-commande peuvent appréhender la configuration forcément évolutive des bâtiments. Parallèlement à cette approche, il est aussi nécessaire de trouver une solution pour réduire la consommation d'énergie des bâtiments déjà construits.

L'intelligence ambiante ouvre de nombreuses perspectives mais existe-t-il un paradigme informatique plus adapté que les autres à l'AmI?

Nous allons voir que les Système Multi-Agents sont un « bon » paradigme pour l'AmI car des objets interactifs et cognitifs basés sur des agents pourraient répondre aux besoins de l'utilisateur en exploitant des propriétés et des protocoles d'interaction SMA dans des systèmes ouverts de composants en interaction.

3.2 Les systèmes Multi-Agents (SMA)

Les Systèmes Multi-Agents (**SMA**) sont issus de l'Intelligence Artificielle Distribuée (**IAD**), une branche de l'Intelligence Artificielle (**IA**). L'**IAD** s'articule autour de trois axes :

— La résolution distribuée des problèmes permet de diviser un problème en un ensemble de sous problèmes pris en charges par des entités distribuées et coopérantes et étudie la manière de partager la connaissance du problème afin d'obtenir une solution ;

— L'IA parallèle développe des langages et des algorithmes parallèles visant ainsi l'amélioration des performances des systèmes informatiques ;

— Les Systèmes Multi-Agents privilégient une approche décentralisée de la modélisation et mettent l'accent sur les aspects collectifs des systèmes.

L'approche Systèmes Multi-Agents qui s'est beaucoup développée ces vingt dernières années permet d'appréhender, de modéliser, de simuler des systèmes complexes, c'est-à-dire les systèmes constitués de nombreux composants en interaction dynamique entre eux et avec le monde extérieur. Elle étudie la manière de coordonner un ensemble d'agents afin que ces agents résolvent collectivement un problème global. Ces agents sont autonomes et interagissent via un environnement. L'aspect collectif en SMA est primordial et nécessite l'étude de nouveaux concepts liés à la coordination, la coopération et l'interaction entre les agents.

Les Systèmes Multi-Agents constituent donc une approche privilégiée pour aborder les systèmes complexes. Leur nature totalement décentralisée les rend particulièrement adaptés pour ce type de systèmes. Les Systèmes Multi-Agents permettent de travailler sur le fonctionnement global d'un système en s'intéressant aux entités qui le composent et à leurs interactions. Des Systèmes Multi-Agents ont été développés dans des domaines très variés comme : le traitement d'image, la robotique, la simulation, etc.

Même si l'aspect collectif est important dans ce domaine de recherche, l'agent reste l'entité de base incontournable que nous allons présenter dans la section suivante avant de présenter le concept même de Systèmes Multi-Agents.

3.2.1 L'agent

Définition de l'agent

Un agent est une entité réelle ou virtuelle dont le comportement est autonome, évoluant dans un environnement qu'il est capable de percevoir et sur lequel il est capable d'agir, et d'interagir avec les autres agents ([Ferber (1995)], [Demazeau et Costa (1996)]).

A partir de cette définition, [Ferber (1995)] définit un agent comme une entité physique ou virtuelle :

— qui est capable d'agir dans un environnement ;
— qui peut communiquer directement avec d'autres agents ;
— qui est mu par un ensemble de tendances (sous la forme d'objectifs individuels ou d'une fonction de satisfaction, voire de survie, qu'elle cherche à optimiser) ;
— qui possède des ressources propres ;
— qui est capable de percevoir (mais de manière limitée) son environnement ;
— qui ne dispose que d'une représentation partielle de cet environnement (et éventuellement aucune) ;
— qui possède des compétences et offre des services ;
— qui peut éventuellement se «reproduire» ;
— qui a un comportement qui tend à satisfaire ses objectifs, en tenant compte des ressources et des compétences dont elle dispose, et en fonction de sa perception, de ses représentations et des communications qu'elle reçoit.

Cette définition comprend plusieurs termes qui sont importants. Par exemple, une entité physique est un objet agissant dans le monde réel comme un robot, une voiture, etc ; une entité virtuelle peut être un composant logiciel ou un module informatique et n'existe pas physiquement.

Les agents n'ont qu'une représentation partielle de ce qui se passe dans leur environnement. C'est pour cela que les agents doivent coopérer pour atteindre un ou des buts globaux.

Caractéristiques de l'agent

[Ferber (1995)] considère que l'*autonomie* est la caractéristique la plus fondamentale de l'agent. Cette caractéristique signifie que le moteur d'un agent est lui-même. Les agents cherchent donc à satisfaire des buts individuels ou à optimiser des fonctions de satisfaction dans le but d'atteindre conjointement un objectif particulier que leur système doit réaliser. L'autonomie permet à l'agent de répondre ou d'ignorer des requêtes provenant d'autres agents. Chaque agent dispose donc d'une certaine liberté de manœuvre, ce qui le différencie de tous les concepts semblables : « objets », « modules logiciels » ou « processus ». L'agent est ainsi à la fois un système ouvert, parce qu'il a besoin d'éléments extérieurs, et un système fermé parce qu'il organise lui-même les échanges d'information avec l'extérieur.

Les agents sont capables d'agir en accomplissant des actions modifiant leur environnement, et non pas seulement de raisonner comme dans les systèmes d'IA classique. Ils peuvent aussi communiquer entre eux, et c'est l'un des modes principaux d'*interaction* existant entre les agents [Demazeau et Costa (1996)]. Ils agissent dans un environnement, sauf pour les agents purement communicants pour lesquels toutes les actions se résument à des communications.

3.3   Les Systèmes Multi-Agents

3.3.1   Classification de SMA selon leurs capacités

Dans un Système Multi-Agents, les agents ont des rôles, perçoivent leur environnement souvent à travers des messages. Leurs actions correspondent à des choix de comportement qui dépendent de l'environnement tel qu'il est perçu. Les SMA se divisent en deux grandes catégories : les SMA dits « réactifs » et les SMA dits « cognitifs ».

Un SMA est dit *réactif* si son comportement repose sur des actions prédéfinies et déclenchées automatiquement ; les agents fonctionnent selon un modèle stimulus/réponse [Drogoul (1993)]. L'exemple que l'on trouve généralement dans la littérature spécialisée, est celui de la colonie de fourmis et du problème d'engrangement [Middendorf *et al.* (2000)]. Dans la nature, les fourmis grâce au dépôt de phéromones dans un environnement physique indiquent ainsi aux autres fourmis le chemin à suivre pour aller d'une réserve de nourriture à la fourmilière.

Un Système Multi-Agents, composé d'agents réactifs, peut imiter à la perfection ce type de comportement. Mais ce type de SMA permet aussi de résoudre des problèmes complexes, en ne fournissant qu'une vue partielle de son environnement à chacun des agents. Alexis Drogoul l'utilise par exemple pour résoudre des problèmes de type « N-Puzzle » (jeu de Taquin) [Drogoul et Dubreuil (1992)].

Ainsi, les agents réactifs perçoivent leur environnement et agissent sur celui-ci en choisissant parmi des comportements prédéfinis, celui qui est adapté à la situation.

Dans un SMA aux agents **cognitifs**, chaque agent possède des capacités de raisonnement et de mémorisation. Un agent cognitif peut alors manipuler des connaissances, inférer des connaissances nouvelles. C'est une entité **IA** développée classiquement sous forme d'un petit système expert. Les recherches les plus représentatives de cette famille d'agents portent sur le modèle BDI (Belief Desire Intention) [Rao et Georgeff (1995)].

Dans un SMA aux agents **hybrides**, les agents ont à la fois des capacités cognitives et réactives. Ils conjuguent la rapidité de réponse des agents réactifs avec le raisonnement des agents cognitifs (par exemple : l'architecture ASIC [Boissier et Demazeau], l'architecture ARCO [Rodriguez (1994)] et l'architecture ASTRO [Occello et Demazeau]).

Quel que soit son type, réactif, cognitif ou hybride, un SMA est toujours une communauté d'agents proactifs. La proactivité est la capacité pour un agent, lors d'une modification perceptible de son environnement, d'adopter des comportements adaptés sans intervention humaine. L'agent semble agir spontanément ; les comportements ne sont pas figés : ils peuvent évoluer surtout si l'agent est cognitif.

Caractéristiques de Systèmes Multi-Agents

L'importance de l'approche Système Multi-Agents s'est accrue ces dernières années. Cela peut être expliqué par le fait que les systèmes d'information que l'on cherche à modéliser sont de plus en plus distribués, ouverts, à grande échelle et hétérogènes. C'est pourquoi les Systèmes Multi-Agents présentent souvent les caractéristiques suivantes :
— **Ouverture** [Vercouter (2000)] : les agents d'un Système Multi-Agents ouvert n'ont pas la possibilité d'avoir une représentation complète de l'environnement. Ce système doit être modulaire et extensible. La

modularité concerne le fait que les systèmes sont composés de plusieurs sous-systèmes mis en relation (ces sous-systèmes ont chacun leur propre mode de fonctionnement). L'extensibilité se traduit par le fait que le Système Multi-Agents supporte l'ajout et le retrait dynamique d'éléments.
— **Homogénéité/hétérogénéité** : deux agents dans un système homogène sont identiques du point de vue de leur modèle et leur architecture. Un Système Multi-Agents hétérogène est composé d'agents différents du point de vue de leurs modèles et de leurs architectures.
— **Intégration** : un Système Multi-Agents embarqué ([Koudil (2002)], [Jamont (2005)]) est un système à la fois matériel et logiciel complètement intégré à l'environnement qu'il contrôle. Il est généralement autonome, exécute une tâche précise dédiée à une application spécifique. Ces systèmes font partie intégrante de notre vie de tous les jours sans qu'on en ait toujours conscience. Ils permettent les communications sans fil (téléphonie), assistent dans la conduite de véhicules, etc. Dans les entreprises, ils contribuent à la surveillance des installations à risques, permettent le suivi en temps réel de la production, contrôlent les différents flux de données ou de matières.

3.3.2 La décomposition multi-agents

L'approche Voyelles AEIO [Demazeau (1995)] est fondée sur la décomposition d'un Système Multi-Agents en quatre éléments : l'Agent, l'Environnement, l'Interaction et l'Organisation. Cette décomposition permet de modulariser le Système Multi-Agents, ce qui permet d'obtenir une simplification de la construction du système et une meilleure réutilisation du code

  SMA = Agent + Environnement + Interaction + Organisation

Nous avons précédemment présenté l'agent, nous allons voir maintenant les trois autres composantes : environnement, interaction et organisation.

Environnement

L'environnement d'un agent désigne tout ce qui est extérieur à l'agent. On distingue l'environnement dit social c'est-à-dire les agents qu'il connaît, et l'environnement dit physique constitué des ressources matérielles présentes dans le champ de perception de l'agent ou de ses propres effecteurs. L'environnement peut être caractérisé en utilisant les termes de [S.J. Russell (1995)], [Jennings et Kinny (2000)], [Lind (2001)] :
— Environnement *accessible* (par opposition à *inaccessible*). Le système peut obtenir une information complète, exacte et à jour sur l'état de son environnement. Dans un environnement inaccessible, seule une

information partielle est disponible. Par exemple, un environnement tel que l'Internet n'est pas accessible car il est impossible de tout connaître à propos de lui. Un robot qui évolue dans un environnement possède des capteurs pour le percevoir et, en général, ces capteurs ne lui permettent pas de connaître tout de son environnement qui est alors considéré comme inaccessible ;

— Environnement *continu* (par opposition à *discret*). Dans un environnement continu, le nombre d'actions et de perceptions possibles dans cet environnement est infini. Dans un environnement discret, le système possède des perceptions distinctes, clairement définies qui décrivent l'environnement. Par exemple, dans un environnement réel tel que l'Internet, le nombre d'actions qui peuvent être effectuées par les utilisateurs est illimité. Mais, dans un environnement simulé tel qu'un écosystème, le nombre d'actions ou de perceptions qu'une entité virtuelle (comme une fourmi ou un robot) peut avoir, est limité ; l'environnement est alors discret ;

— Environnement **déterministe** (par opposition à *non déterministe*). Dans un environnement déterministe, une action a un effet unique et certain. Si le système agit dans son environnement, il n'y a aucune incertitude sur l'effet de son action sur l'état de l'environnement. L'état suivant de l'environnement est complètement déterminé par l'état courant. Dans un environnement non déterministe, une action n'a pas un effet unique garanti. Par nature, le monde physique réel est un environnement non déterministe ;

— Environnement **dynamique** (par opposition à *statique*). L'état d'un environnement dynamique dépend des actions du système qui se trouvent dans cet environnement mais aussi des actions d'autres processus. Aussi, les changements ne peuvent pas être prédits par le système. Un environnement statique ne peut changer sans que le système agisse. Par exemple, l'Internet est un environnement hautement dynamique, son changement n'est pas simplement lié aux actions d'un seul utilisateur.

Interaction

Un Système Multi-agents est composé d'une collection d'agents indépendants ; ces agents interagissent dans le but d'atteindre conjointement un objectif particulier. L'interaction signifie un type d'action collective où une entité effectue une action ou prend une décision qui est influencée par une autre entité [Hussein Joumaa et Vincent (2008)]. Naturellement, l'interaction est par nature distribuée et elle se fait soit en communiquant directement entre eux, soit par l'intermédiaire d'un autre agent ou soit en affectant des actions sur leur environnement. Selon Chaib-draa et Demolombe (2002), des types d'actions peuvent être distingués en fonction de la nature de leurs effets : des actions modifiant les connaissances ou croyances des agents ou des action modifiant l'état d'agents ou de l'environnement.

La problématique de l'interaction s'intéresse aux moyens de l'interaction et à la conception des formes d'interactions entre agents. Les termes de communication et d'interaction se rejoignent car l'interaction contient la communication, la transmission d'information entre agents, et l'action. La communication est utilisée comme médium pour échanger de l'information et pour coordonner les actions entre les agents. Selon Koning et Pesty (2001), deux modes de communication peuvent être distingués : la communication indirecte par signaux via l'environnement et la communication directe entre agents par un envoi/réception de messages. Le premier mode de communication permet une coopération limitée car un grand nombre de types de signaux, se référant directement à une action, est nécessaire.

Le communication directe se produit par échange de messages suivant un protocole de communication prédéfini. Des protocoles de communication entre agents ont ainsi été définis pour régler les interactions entre agents artificiels utilisant des langâges comme KQML et FIPA ACL ; citons le très populaire *Contract Net Protocol* ([Smith (1980)],[Yang *et al.* (1998)]).

Organisation

L'axe **O** de l'approche AEIO comprend les éléments permettant d'ordonner l'ensemble des agents en des organisations par la détermination des rôles des agents.

L'organisation est une structure décrivant les interactions et les autres relations existant entre les membres de l'organisation. L'organisation est un régulateur d'interaction dans les Systèmes Multi-Agents parce que l'organisation permet à l'agent de gérer sa communication en termes de destination et en termes de contenu. L'organisation apporte aussi une grande influence sur la coopération dans les Systèmes Multi-Agents parce qu'elle est le seul régulateur dans un cadre de coopération organisée.

Dans la littérature, deux axes de l'organisation peuvent être distingués : l'axe statique et l'axe dynamique des organisations. Selon [Baeijs (1998)], dans le premier axe, l'organisation est considérée comme une structure composée d'agents en entité de granularité plus grossière. Dans le deuxième axe, l'organisation est considérée comme un agencement de relations entre des agents dotés de qualités inconnues au niveau composant.

3.3.3 Applications des SMA dans l'habitat

Quelques travaux ont été proposés dans le domaine des SMA pour la modélisation de problèmes relevant du domaine de l'intelligence ambiante.

Charif et Sabouret (2006a) proposent un système d'agents intelligents capables d'interagir avec d'autres agents artificiels ou humains. Ils développent actuellement une plateforme VDL (View Design Language) [Charif et Sabouret (2006b)] dans laquelle les agents sont capables de raisonner sur leur propre code, pour expliquer ce qu'ils font et pour interagir avec les utilisateurs (humains ou agents), de manière la plus naturelle possible. Ils s'intéressent à la composition de services délivrés par des agents capables d'interagir et de raisonner, sans aucune connaissance de leur environnement.

Un scénario d'interaction entre des « agents domotiques ambiants » est illustré par la figure 3.1. Les agents de type VDL sont le téléphone, la télévision et le magnétoscope. On peut ainsi imaginer qu'une personne appelle (avec son téléphone portable) le téléphone fixe de sa maison en lui indiquant qu'il souhaite enregistrer le match de foot qui passe sur TF1, à 14h00, le 17 mars 2006. Le téléphone fixe enverra cette requête à la télévision. Celle-ci ne comprendra pas le mot « enregistrer », et l'indiquera au téléphone. Ayant tout de même compris une partie du message, la télévision diffusera à son tour la requête aux agents qui sont sur son réseau. Le magnétoscope, qui est capable de déchiffrer la totalité du message, répondra qu'il a pris en charge cette demande. Ce scénario a pour objectif d'illustrer les capacités d'un agent à décomposer une commande en fonction de ses capacités. De plus, il montre comment il se coordonne avec les agents dans son réseau pour satisfaire les besoins des utilisateurs.

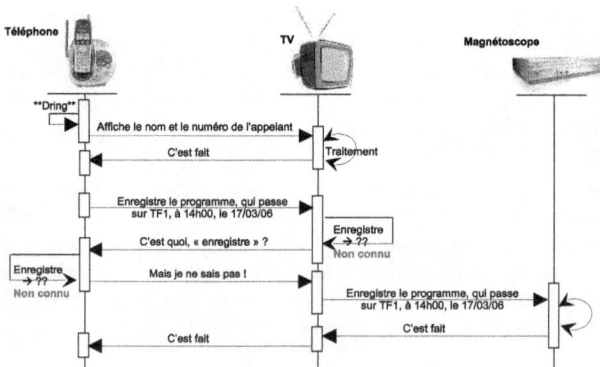

FIGURE 3.1 – *Diagramme d'interaction entre agents.*

D'autres travaux concernent le maintien à domicile dans le cadre de vie des personnes dépendantes. L'équipe Informatique et Systèmes de Santé [ISS] travaille sur une approche multi-agents dans le domaine médical de l'assistance des personnes à mobilité réduite. L'objectif de ce travail est d'apporter des solutions informatiques visant à la mise au point d'une plateforme logicielle de coordination qui constituera un cœur d'échange entre les différents services nécessaires au maintien des personnes dépendantes dans leur cadre de vie. Cette approche prend en considération la répartition des connaissances dans différents endroits (par exemple, dans le cas où différentes tâches sont à pratiquer sur le patient), l'organisation pour la coordination d'individus possédant des spécialités différentes, etc.

Dans le domaine de la maîtrise de l'énergie, domaine qui nous intéresse tout particulièrement, [Davidsson et Boman (2005)], [Boman *et al.* (1998)], [Davidsson et Boman (2000)] et [Boman *et al.* (1999)]) présentent un Système Multi-Agents pour la maîtrise de l'énergie dans le bâtiment tertiaire. Le but de ce système est d'assurer trois services, lumière, chauffage et ventilation ainsi que de minimiser la consommation de l'énergie dans les bureaux. Le principe de fonctionnement de ce système, qui est situé dans la Villa Wega à Ronneby en Suède, est le suivant :

— quand il n'y a personne dans le bureau, les conditions par défaut sont maintenues ;
— quand un employé particulier entre dans son bureau, l'agent de la pièce doit adapter la température et allumer les lumières selon les préférences de celui-ci ;
— si un employé entre dans un bureau où il ne travaille pas, cela n'affecte pas les conditions de l'environnement ;
— quand il y a plusieurs employés dans la salle de réunion, l'agent associé à la pièce décide quelle est la valeur de la température dans cette pièce en prenant en compte les préférences des employés présents.

Ce système est un Système Multi-Agents ouvert où de nouveaux agents peuvent être ajoutés durant le fonctionnement du système sans remettre en cause le fonctionnement global [Martin *et al.* (1999)]. Cependant, ce système vise à maîtriser la consommation d'énergie en supposant que les sources d'énergie sont toujours disponibles, contrairement au système que nous cherchons à développer.

Dans [Conte et Scaradozzi (2003)] et [Conte *et al.* (2003)], un formalisme de Système Multi-Agents pour la maîtrise de l'énergie en domotique a été proposé. Un système domotique, qui se compose de plusieurs équipements, est présenté. Les équipements sont dotés de systèmes de contrôle individuel. Cela permet donc au système global de gérer la consommation d'énergie. Dans ce système global, les équipements sont connectés au réseau électrique par un appareil spécial nommé **WESA** (W@rp Enabled Smart Adapter). Ce système vise à gérer la consommation d'énergie mais en pénalisant certains équipements selon les priorités des équipements (préférences de l'usager) parce qu'en cas de conflit entre les équipements, le système distribue l'énergie disponible selon les priorités des équipements (cela est basé sur la règle « les premiers arrivés sont les premiers servis »).

Dans [Dilger (1997)], les principes essentiels de la maison intelligente sont présentés. Le principe de la technologie « maison intelligente » est de considérer cette maison intelligente comme un système de traitement d'information. Les composants de ce système sont les équipements réalisant les fonctions attendues de la maison intelligente (par exemple : allumer\éteindre les lumières, maintenir une certaine température, ouvrir\fermer la porte du garage, . . .). Dans ce système, un agent est embarqué dans chaque équipement dont les paramètres sont déjà fixés. Cependant, ce système vise à maximiser le confort de l'usager quel que soit l'énergie consommée ou la disponibilité des sources d'énergie.

Dans les travaux que nous venons de présenter, la plupart ne s'intéresse qu'à un des critères essentiels de la maîtrise de l'énergie : soit au critère de confort ou soit au critère économique. Ces systèmes ne prennent pas en considération le fait que les capacités des sources énergétiques sont limitées en termes de production.

Vers un Système Multi-Agents pour la gestion de l'énergie ?

Dans l'habitat, le système énergétique se compose de sources, productrices d'énergie, et de charges (équipements domestiques), consommatrices d'énergie. L'énergie provient de producteurs distants (via le réseau de transport/distribution électrique national), mais peut également provenir de sources d'énergie locales (par exemple : panneaux solaires, éolienne, et pile à combustible).

Les principales caractéristiques d'un tel système est d'être :

- distribué :
    - distribution physique des sources d'énergie comme les panneaux solaires, groupe - électrogène, panneaux solaires, pile à combustible, . . . ;
    - distribution physique de différents types de consommateurs d'énergie (charges) comme le four, le lave-linge, le radiateur, . . . ;
- flexible : les sources d'énergie sont redondantes et certaines charges peuvent accumuler de l'énergie (énergie thermique) ou satisfaire avec retard à des demandes de services (différer un lavage, une cuisson) ;
- ouvert : le nombre de sources et de charges évolu sans que cela ne remette en cause le fonctionnement global du système ;

- extensible : de nouveaux types de sources ou de charges peuvent être ajoutés au système.

Les avancées dans le domaine des Systèmes Multi-Agents, bien adaptés à la résolution de problèmes spatialement répartis et ouverts, permettent d'envisager un « système domotique multi-agents » composé d'agents embarqués dans les différentes sources et charges, coopérant pour résoudre ce problème de maîtrise de la consommation de l'énergie d'un habitat. Les agents prennent conjointement des décisions en tenant compte des contraintes de fonctionnement des équipements auxquels ils sont associés. Ils peuvent par exemple décider de délester certains équipements en fonction de critères de confort et de contraintes énergétiques.

3.3.4 Conclusion

Ce chapitre a été consacré à un état de l'art sur l'Intelligence Ambiante et sur les Systèmes Multi-Agents. Dans un premier temps, nous avons présenté le concept d'Intelligence Ambiante et nous avons vu que les principaux travaux concernant l'habitat sont souvent pour satisfaire au mieux les besoins des utilisateurs.

Dans la deuxième partie de ce chapitre, nous avons présenté le domaine des Systèmes Multi-Agents ainsi que les principaux travaux relatifs au problème de la maîtrise d'énergie dans l'habitat utilisant cette approche.

Nous avons présenté les principales caractéristiques du système énergétique de l'habitat. Nous avons avancé que les Systèmes Multi-Agents constituent un bon paradigme pour notre problème de définition d'un système domotique de gestion d'énergie.

Comme nous allons le voir dans le chapitre suivant, notre proposition consiste à doubler le système d'énergie de l'habitat par un système informatique capable d'ajuster dynamiquement la consommation d'énergie aux différentes contraintes. Pour parvenir à cet ajustement, les équipements consommateurs d'énergie de l'habitat, tout comme les sources de production d'énergie, sont équipés d'agents logiciels dotés de capacités de décision.

Dans les chapitres suivants, nous proposons un Système Multi-Agents pour la gestion d'énergie dans le bâtiment. Ce système a pour objectif de simuler d'une part le système énergétique réel que nous venons de décrire : le fonctionnement d'équipements et de sources énergétique ; et d'autre part, il simule le niveau de pilotage du système énergétique. C'est-à-dire, un système de gestion d'énergie qui est capable de trouver dynamiquement une politique de production et de consommation tout en prenant en compte les critères posés par l'usager et les contraintes diverses des équipements et des sources.

Chapitre 4

Système Multi-Agents pour la gestion de l'énergie dans l'habitat

L'objectif de ce travail est de concevoir un système de gestion de l'énergie pour l'habitat constitué d'agents logiciels contrôlant les équipements et les sources, l'ensemble des agents constituant un système domotique multi-agents. On entend par là, un système de gestion d'énergie qui est capable de trouver dynamiquement une politique de production et de consommation tout en prenant en compte les critères posés par l'usager et les contraintes diverses des équipements et des sources.

Dans ce chapitre, les modèles comportementaux des services sont présentés dans un premier temps afin de bien caractériser le contexte du problème. Ces modèles permettent de décrire l'évolution continue ou discrète des fonctionnements des services. Nous recherchons un formalisme général pour la modélisation du problème qui couvre tous les éléments de la gestion de l'énergie dans l'habitat. En effet, la résolution du problème de gestion de l'énergie par des Systèmes Multi-Agents commence par une phase de modélisation des composants du système.

Nous introduisons ensuite une proposition de système de gestion d'énergie dans l'habitat à différentes échelles de temps dans le but de construire une architecture de Système Multi-Agents.

4.1 Principes de modélisation

Dans cette section, nous présentons les notions que nous utiliserons pour la conception de l'architecture du Système Multi-Agents de gestion de l'énergie dans l'habitat que nous proposons.

4.1.1 Flux

Le terme *flux* désigne soit les flux d'information, soit les flux énergétiques.

Flux d'information

Les flux d'information sont des échanges d'information entre les différents éléments d'un système. Les informations échangées peuvent être liées au contrôle et aux demandes de la distribution d'énergie.

Les flux d'information permettent au système de coordonner les différentes activités énergétiques afin de repartir l'énergie aux équipements pour atteindre les objectifs que nous nous donnons, en particulier les objectifs de confort et d'économie.

Flux énergétiques

Les flux énergétiques comprennent les flux thermiques et les flux électriques. Par exemple, le flux de chaleur est la quantité de chaleur qui traverse une surface pendant une unité de temps. Cette définition peut aussi s'appliquer aux flux d'énergie électrique qui correspondent aux courants électriques.

4.1.2 Équipements

La multitude des équipements existants et la difficulté de déterminer le comportement de l'usager augmentent beaucoup la complexité du problème. C'est pour cela que nous mettons en évidence des caratéristiques communes aux équipements :

- les équipements peuvent être ***classifiés*** afin d'établir ceux sur lesquels on peut agir sans compromettre leur fonctionnement et sans affecter le confort de l'usager. Nous classifions les équipements selon leur capacité à être contrôlés :
  - non-pilotables : il n'est pas possible ou pas souhaitable de changer leur régime de fonctionnement ; par exemple l'éclairage ou un four électrique peuvent être considérés comme non-pilotables ;
  - pilotables : il est possible de modifier l'instant de leur démarrage ou de modifier leur consigne de fonctionnement. Nous distinguons les équipements :
    - retardables (lave-vaisselle, lave-linge, etc) ;
    - modifiables (inertie thermique : chauffage, chauffe-eau, réfrigérateur, etc).

En prenant l'exemple d'un fer à repasser et d'un réfrigérateur et en regardant leur puissance, celle du fer à repasser est d'environ 1500

Watts alors que celle du réfrigérateur est de 200 Watts. On pourrait conclure que le fer à repasser est un équipement beaucoup plus énergivore que le réfrigérateur. Néanmoins, pour un usage normal, le réfrigérateur consomme une énergie nettement supérieure à celle du fer à repasser. Pour tenir compte de cela, un autre critère de classification s'avère nécessaire. Il caractérise le type d'utilisation en différenciant des fonctionnements :

— temporaires (un fer à repasser) ;
— permanents (un réfrigérateur).

• les équipements doivent être **modélisés** afin de bien dimensionner la consommation, de prévoir ses variations et de gérer de manière optimale les flux. Chaque modèle est caractérisé par un ensemble de paramètres qui permettent :
  — la détermination des différentes valeurs caractérisant le comportement temporel (temps de démarrage de l'équipement, période de fonctionnement, etc) ;
  — la détermination de différentes valeurs caractérisant l'énergie et la puissance absorbée ou produite (puissance d'un four, etc).

Pour mieux comprendre, voici l'exemple du modèle d'un lave-linge ; les paramètres caractéristiques sont :
— l'instant de début du lavage ;
— la température de lavage ; l'usager a plusieurs options possibles : 30°, 60° ou 90° par exemple. Le choix d'une certaine température impose la largeur de la période de chauffage de l'eau ;
— la présence de l'essorage ; l'usager peut par exemple choisir sans ou avec essorage. Ces options ont une influence sur le nombre de cycles qui suivent le chauffage de l'eau.

Étant donné la grande multitude d'appareils et l'évolution rapide de la technologie influençant directement les comportements, il est assez difficile, voire impossible, d'en définir un modèle qui conviendrait pour tous les équipements d'une certaine catégorie. C'est pour cela que nous avons choisi d'introduire la notion de service comme regroupement du fonctionnement de différents équipements.

4.1.3 Service

On appellera un service (i), noté SRV_i, le résultat d'une transformation d'énergie par un ou plusieurs équipements pour répondre à un besoin de l'usager. Les services qui vont nous intéresser sont par exemple le chauffage (service rendu par plusieurs équipements de type radiateur), le lavage, la cuisson, etc.

Selon la classification des équipements présentée précédemment, un service peut être un service permanent ou un service temporaire :

— un service est considéré comme un service permanent lorsque ses activités énergétiques (consommation, production) interviennent sur tout l'horizon d'un plan d'affectation de ressources d'énergie. Ce service est caractérisé par une quantité d'énergie consommée ou produite ;

— un service est considéré comme un service temporaire lorsque ses activités énergétiques sont liées à un horizon temporel qui est inclus dans l'horizon du plan d'affectation des ressources énergétiques. Ce service est caractérisé temporellement par la durée et le temps d'exécution souhaité.

La notion de service, selon le fonctionnement des équipements, se divise en deux catégories : service temporaire et service permanent. Ces services se différencient par leur degré de flexibilité.

Flexibilité d'un service

La flexibilité de service dépend du fonctionnement de chaque service énergétique.

Tous les services, permanents et temporaires, sont soit pilotables ou soit non pilotables. Les services pilotables peuvent être :

— Interruptibles : arrêt temporaire du service et redémarrage du service plus tard. Certains services peuvent être interrompus mais l'interruption doit respecter certaines contraintes qui sont souvent liées à la capacité physique de l'équipement :

• Contrainte de fenêtre de temps : on peut découper la consommation d'un service comme on le souhaite mais le service doit finir dans cette fenêtre de temps donnée ;

• La durée de l'interruption ne doit pas dépasser une durée maximale d'interruption ;

• Entre deux interruptions, il peut exister une contrainte qui détermine qu'entre deux interruptions du service, il faut un temps d'attente minimal fixé.

— « Décalables » : la possibilité de décaler certains services comme le lavage dans une fenêtre de temps pour chercher une date d'exécution optimale par rapport aux critères de confort de l'usager ;

— Modifiables : la possibilité de modifier le profil énergétique d'un service par exemple en réduisant ou en augmentant de la consommation d'un service « chauffage » à un moment donné.

La figure 4.1 montre la classification des services par rapport à leur flexibilité.

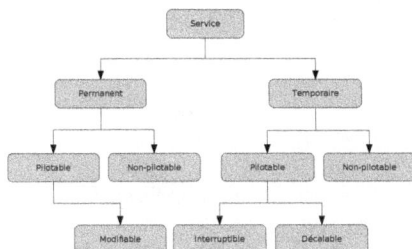

FIGURE 4.1 – Classification de services

Nous avons vu les différentes caractéristiques d'un service. Examinons désormais comment ils peuvent être modélisés et validés afin de dimensionner la consommation et la production d'énergie. Pour gérer un habitat comme un système, il est important de structurer le comportement de deux catégories de services par des modèles. Dans le paragraphe suivant, nous introduisons deux types de modèles comportementaux pour les services énergétiques : les modèles dynamiques continus et les modèles dynamiques de type automate à états finis.

4.1.4 Modèle de comportement de deux catégories de services

La structuration des modèles comportementaux de deux catégories de services permet de gérer un habitat comme un système. Nous avons distingué deux groupes de modèles comportementaux : le groupe des modèles dynamiques et le groupe des modèles de type automate à états finis. Les modèles dynamiques permettent de décrire l'évolution continue de certains services comme le service de chauffage. Les modèles de type automate à états finis permettent de décrire l'évolution temporaire de certains services qui fonctionnent par étapes comme le service « lavage » (prélavage, lavage, rinçage et essorage).

Modèles de comportement dynamiques continus

Le modèle de comportement dynamique correspond typiquement à des activités thermiques et permet de décrire l'évolution continue de services comme le chauffage, la climatisation mais aussi la charge/décharge d'une batterie. Un modèle de comportement dynamique continu peut être décrit sous la forme d'un système d'équations différentielles.

$$\frac{dX}{dt} = A \times X + B \times P + C \times W \qquad (4.1)$$

— t : le temps ;
— X : un vecteur de variables d'état ;
— P : un vecteur d'affectation de puissance ;
— W : un vecteur de perturbations externes ;
— A, B, C : des matrices de coefficients.

Nous nous intéressons tout particulièrement à la modélisation des services de chauffage parce qu'il s'agit d'un aspect essentiel dans l'habitat. C'est un sujet largement étudié dans la littérature.

Narçon (2001) présente une démarche exploratoire d'amélioration des modèles de prédiction de la sensation et du confort thermiques. Bellivier (2004) présente un modèle thermodynamique issu de la mécanique des fluides. La complexité de ces modèles pose un problème car le nombre de paramètres est tel qu'il est difficilement envisageable de les estimer en contexte réel (par exemple : changement de décoration d'une pièce). Ces modèles sont mal appropriés au contrôle-commande dans l'habitat.

Une alternative est d'utiliser des modèles construits par analogie avec les circuits électriques. Fraisse *et al.* (2002) ont proposé un modèle en utilisant le principe de l'analogie avec les circuits électriques simples mais qui permet également de donner des informations assez précises sur la modélisation thermique globale d'une pièce. Les résultats de validation dans [Andersena *et al.* (2000)] ont montré que le degré d'exactitude de ce type de modèle pour la modélisation de la dynamique thermique est très pertinent. Récemment, Kampf et Robinson (2006) ont utilisé ce type de modèles simplifiés pour analyser les transmissions des flux énergétiques dans un habitat multi-zones.

Plusieurs modèles modélisant le changement de température dans une pièce ont été décrits sous forme d'un système d'équations différentielles, par exemple le modèle de transmissions des flux énergétiques dans une pièce présenté par Kampf et Robinson (2006). Nous nous intéressons à un modèle simplifié modélisant le changement de température dans une pièce. Nous choisissons délibérément le modèle simplifié de [N. Mendes et de Araújo (2001)] qui représente l'essentiel de la dynamique pour notre système : son comportement caractéristique. La formulation du modèle choisi est la suivante :

$$\frac{dT}{dt} = -\frac{1}{\tau}T + \frac{K}{\tau}P + \frac{1}{\tau}T_{out}$$

Les variables caractéristiques de ce modèle sont :
— K : la conductivité thermique liée à la pièce ;

— τ : la constante de temps ($t = 3\tau$ temps de réponse) ;
— T_{out} : la température à l'extérieur ;
— T : la température instantanée sous les contraintes suivantes : $T_{min} \leq T, T_{max} \geq T$ où T_{min} et T_{max} sont respectivement la température minimale et la température maximale ;
— P : puissance moyenne de cet environnement sous les contraintes suivantes : $0 \leq P, P_{max}(t) \geq P$ où P_{max} est fonction du temps.

C'est sous cette dernière forme qu'est implémenté le modèle thermique des services de chauffage dans notre système.

Modèles de comportement dynamique d'automate à états finis

Les modèles de comportement dynamiques continus ne sont pas adaptés à la modélisation de tous les services. L'automate à états finis est un bon candidat pour décrire l'évolution de certains services qui fonctionnent par étapes avec des périodes connues (par exemple, un service de lavage de 4 étapes). Dans la littérature, un automate à états finis est défini par :
— un ensemble fini d'états E ;
— un état initial $s \in E$;
— un ensemble d'états finaux $F \subseteq E$,
— un ensemble de transitions T : chaque transition va d'un état à un autre et est étiquetée par des conditions de changement d'état.

La modélisation par automate à états finis déterministe de certaines catégories de services représente naturellement le comportement du fonctionnement de services. Dans notre cas, le fonctionnement de services est décomposé en plusieurs étapes qui correspondent à un ensemble d'états $\{E\}$, les conditions de changement d'état correspondant à l'ensemble des transitions $\{T\}$ de l'automate.

Prenons l'exemple d'un service lavage qui fonctionne en 4 étapes : prélavage, lavage, rinçage et essorage (figure 4.2). Chaque étape (j) du service lavage est modélisé par une quantité P_{i_j} consommée durant la période $ET_{i_j} - ST_{i_j}$; ET_{i_j} est la date de fin de l'étape j et ST_{i_j} est la date de début de l'étape j. L'automate à états finis de ce service est initié par un ordre d'exécution (donné par l'usager ou par un système). Les étapes s'enchaînent suivant un ordre prédéfini où la transition à l'étape suivante est activée par la fin de l'étape précédente.

Modèles de comportement dynamiques hybrides

Un modèle de comportement dynamique hybride peut également être défini. En effet, certains services fonctionnent par étapes, mais chaque étape peut être décrite par un modèle de comportement dynamique continu.

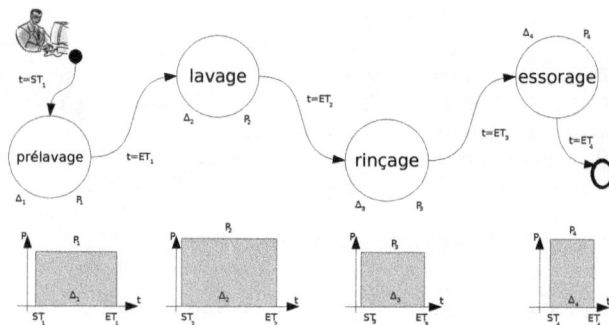

FIGURE 4.2 – Automate à états finis du comportement du service lavage

Prenons l'exemple du modèle comportemental d'une batterie. Trois étapes peuvent être distinguées : charge, décharge et déconnexion du réseau. Dans l'étape de charge, la batterie consomme de l'énergie et est considérée comme un consommateur d'énergie. Par contre, l'étape de décharge de la batterie est considérée comme une source d'énergie supplémentaire du système. Muselli *et al.* (2000) présentent un modèle de batterie (équation 4.2). $x(t)$ est la quantité d'énergie stockée dans la batterie à l'instant t ; $u(t)$ est le vecteur de contrôle représentant le flux énergétique en entrée ou en sortie de la batterie.

$$\frac{dx(t)}{dt} = x(t) + u(t) \tag{4.2}$$

Si $u(t) > 0$, la batterie est dans l'étape de charge. Si $u(t) = 0$, la batterie est dans l'étape de déconnexion du réseau. Si $u(t) < 0$, la batterie est dans l'étape de décharge.

Dans la suite, nous présentons un Système Multi-Agents pour la gestion d'énergie. Nous commençons par les modélisations d'agent, ensuite, présentons le mécanisme de pilotage du système.

4.2   Vers une architecture d'un SMA pour la gestion de l'énergie

Comme nous l'avons vu dans le chapitre précédent, dans un habitat intelligent regroupant un ensemble de technologies pour aider les habitants à vivre mieux, un système de gestion d'énergie peut être intégré pour synchroniser et coordonner les activités énergétiques en exploitant les flexibilités des services fournis par les équipements. Cela servira à mieux gérer la production et la consommation d'énergie.

Nous proposons de définir un système composé d'agents logiciels, réalisant chacun une tâche spécifique, interagissant et communiquant pour trouver dynamiquement une politique de production et de consommation d'énergie satisfaisant différentes contraintes. Ce Système Multi-Agents (SMA) est appelé MAHAS « Multi-Agent Home Automation System ». De plus, dans ce système, les agents sont associés aux équipements et aux sources de production d'énergie et ils sont en charge de les piloter. Le schéma suivant (figure 4.3) présente la structure globale du système MAHAS.

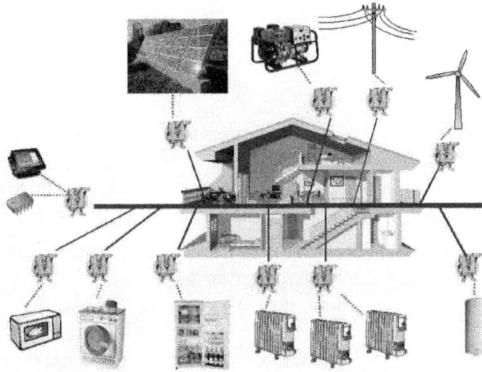

FIGURE 4.3 – *Structure globale du système MAHAS pour la gestion d'énergie.*

Comme nous l'avons vu au chapitre précédent, cette approche Multi-Agents convient bien aux caractéristiques du système énergétique de l'habitat que nous cherchons à piloter. Nous avons vu également que les entités constitutives sont les sources de production d'énergie et les équipements domestiques qui sont les supports à la réalisation des services. L'idée première était d'associer un agent logiciel à toute entité. Toutefois, nous avons vu que la notion de service est plus générique et permet de définir deux grandes catégories de services : services temporaires et services permanents. C'est donc autour de la notion de service que nous allons construire les agents du système définissant ainsi des agents dits « agents temporaires » et des agents dits « agents permanents ». Dans ce système, un agent pourra donc piloter un ou plusieurs équipements et/ou sources.

Chaque agent aura sa connaissance interne (privée) contenant le modèle de comportement qui lui est propre ; la connaissance partagée correspond à l'envoi, à la réception et à l'analyse des messages échangés entre les agents. La connaissance interne contient toutes les données qui ne peuvent pas être formalisées de manière générale. Cette partie sert à estimer les besoins en énergie, à déterminer le profil et les prévisions de consommation ou de production d'énergie. Par contre, la connaissance partagée contient les données partagées qui peuvent être formalisées dans une forme standard. Cela veut dire que toutes les informations sur l'estimation et la prévision de la consommation et de la production sont organisées ou standardisées pour que les différents composants du système puissent communiquer. Ces informations servent à construire un plan d'affectation des ressources d'énergie aux services en tenant compte des aspects de confort et de sécurité des usagers.

4.3 Modélisation des agents du système MA-HAS

Selon la classification des services présentée précédemment, un service peut être un service permanent ou un service temporaire. Un agent peut donc être classifié selon le service qu'il offre : un agent peut par extension être permanent ou temporaire.

Dans la littérature, on trouve souvent des travaux dont l'objectif principal est de minimiser la consommation d'énergie et/ou le coût de la production d'énergie mais l'aspect de confort de l'usager n'est pas abordé de manière explicite. En domotique, le « confort de l'usager » est un des aspects les plus importants à prendre en considération. La notion de confort peut être liée directement au concept de fonction de satisfaction [Lucidarme *et al.* (2002)]

Fonction de satisfaction

La notion de confort n'étant toutefois pas universelle, nous représentons, pour chacun des services, différentes fonctions de satisfaction qui vont dépendre des désirs de l'usager. Par exemple, tel usager sera satisfait si la température de son salon est comprise entre 20^oC et 22^oC, alors que tel autre préférera 19^oC à 20^oC.

Pour mettre en place notre système, il a été nécessaire de répondre aux deux questions suivantes :
— Qu'est-ce que le confort ?
— Comment le représenter ?
A partir des réponses à ces questions le noyau de chaque agent a pu être construit.

La notion de confort étant trop abstraite pour être quantifiée directement, nous nous sommes donc intéressés à une notion directement liée au confort : la satisfaction de l'usager. Le confort est une sensation alors que la satisfaction est un état. La satisfaction peut être la conséquence du confort ou d'un ensemble d'autres sensations. D'une manière plus mathématique, la satisfaction peut traduire la perception d'un niveau atteint par rapport à un but préalablement fixé.

Cette approche nous permet de définir une fonction de satisfaction dans chaque agent, comparable à la notion de satisfaction des agents [Simonin (2001)]. Cette notion définit deux états de satisfaction évalués par l'agent : la satisfaction personnelle et la satisfaction interactive. La satisfaction personnelle permet de mesurer la progression des actions de l'agent. La satisfaction interactive permet d'évaluer les actions de son voisinage : gêne, aide, etc.

Dans les agents du système MAHAS, la fonction de satisfaction caractérise les ressentis de l'usager vis à vis d'un service, et en ce sens, est assez proche de la notion de satisfaction personnelle de [Simonin (2001)]. Les fonctions de satisfaction ont été définies pour les équipements (consommateurs d'énergie) ainsi que pour les sources d'énergie (fournisseurs d'énergie).

La satisfaction relative à un service sera exprimée par une fonction définie sur l'intervalle $[0, 100\%]$ où zéro signifie « inadmissible » et 100% « parfait ». Cela peut être vu comme un degré d'appartenance à l'ensemble satisfait en logique floue.

La fonction de satisfaction d'un agent temporaire peut être estimée par une fonction linéaire par morceaux qui dépend du décalage du service offert par rapport à la date de fin souhaitée par l'usager (figure 4.6). La fonction de satisfaction d'un agent permanent peut être aussi estimée par une fonction linéaire par morceaux qui dépend de la variable caractéristique de service. Par exemple, la fonction de satisfaction de service chauffage dépend de la variable de température (figure 4.4).

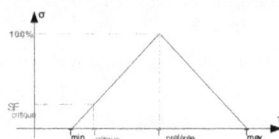

FIGURE 4.4 – *Un exemple d'une fonction de satisfaction de températures d'un service chauffage.*

La fonction de satisfaction est une fonction linéaire avec un coefficient de proportionnalité négatif à l'énergie fournie pour une source d'énergie (figure 4.5).

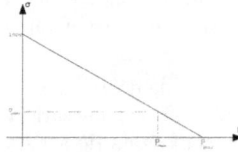

FIGURE 4.5 – *Un exemple d'une fonction de satisfaction d'une source EDF.*

Le système MAHAS a pour objectif de trouver un compromis entre les demandes d'usager (quant au confort et au coût) en satisfaisant les contraintes technologiques d'équipements et en prenant en compte la disponibilité des sources d'énergie. Donc, ce système vise à optimiser la consommation d'énergie tout en maximisant le confort de l'usager. Un agent peut supporter un service $SRV_i \in \mathcal{SRVS}$ où $\mathcal{SRVS}$ est l'ensemble de tous les services. Un service SRV_i peut être soit un service temporaire, soit un service permanent, accompli par un ou plusieurs équipements sachant qu'un équipement ne peut accomplir qu'un seul service en même temps.

Nous présentons dans les paragraphes suivants la modélisation des agents temporaires et permanents du système MAHAS.

4.3.1 Modélisation d' un agent temporaire

Un service temporaire est caractérisé temporellement par la durée et la date de fin d'exécution souhaitée. La flexibilité de ce service vient de la possibilité de le décaler dans le temps : avancer ou retarder le service dans le temps. La connaissance d'agent temporaire se compose de sa connaissance interne et de certaines connaissances partagées.

La connaissance interne (privée) d'un agent temporaire peut être modélisée par :

— une variable caractéristique qui dépend du temps de fin d'exécution du service AET_i où AET_i est la date de fin réelle du service ;
— une fonction de satisfaction qui dépend de la différence entre la date de fin effective AET_i et la date de fin souhaitée RET_i mais aussi de la date de fin au plus tôt EET_i et de la date de fin au plus tard LET_i (figure 4.6) ;
— un modèle comportemental qui sert à définir la consommation / production d'énergie pour un service rendu. Dans cette partie, un auto-

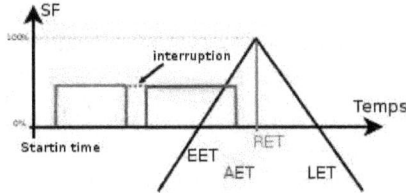

FIGURE 4.6 – *Fonction de satisfaction d'un service temporaire.*

mate à états finis définit les étapes du fonctionnement de service. La durée totale du service temporaire $\Delta_i = n_i \times \Delta$; $n_i \in \mathbb{N}^*$. Les durées Δ_{i_j} et les énergies consommées/produites (négative/positive) $\pm P_{i_j}$ les étapes du fonctionnement sont aussi connues (figure 4.7). Le temps de transition entre deux étapes est nul.

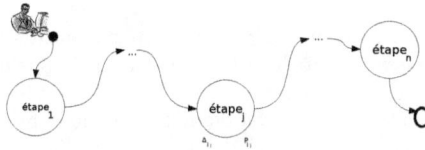

FIGURE 4.7 – Automate à états finis du comportement d'un service temporaire

Dans ce modèle, l'interruption du service temporaire peut être ajoutée : arrêt temporaire et redémarrage du service plus tard (la consommation est nulle pendant un certain temps).

Chaque étape (j) du service temporaire SRV_i est définie par sa durée Δ_{i_j} et sa puissance P_{i_j}. On dit qu'une étape du service est interruptible si elle peut ne plus consommer ($P_{i_j} = 0$) pour une durée d'interruption minimale $\Delta_{i_j, int_{min}}$ sous la condition qu'on ne l'interrompe pas plus d'une durée d'interruption maximale $\Delta_{i_j, int_{max}}$ et que l'accumulation des durées d'interruption ne dépasse pas $\Delta_{i_j, int_{cum}}$. Un service temporaire n'est pas interruptible si $\Delta_{i_j, int_{max}} = 0$.

SRV_i, étape j	durée Δ_{i_j}	$\Delta_{i_j, int_{min}}$	$\Delta_{i_j, int_{max}}$	$\Delta_{i_j, int_{cum}}$
non interruptible	x	0	0	0
interruptible	x	x	x	x

La connaissance externe (partagée) de l'agent temporaire représente l'information échangée entre les agents. Cette connaissance peut être modélisée par une réalisation :

— un profil de puissance : $\Pi = (P_{i,k}, \ldots, P_{i,k+l})$ où $P_{i,m} \neq 0$ représente la puissance consommée/produite (négative/positive) du service pendant la période allant de k à $k+l$. l représente l'horizon de temps sur lequel on traite le problème d'affectation d'énergie. La durée du service Δ_i est déterminée par la longueur du profil $length(\Pi)$ où $P_{i,m} \neq 0$;
— une valeur de fonction de satisfaction qui dépend de l'écart entre la date de fin effective par l'agent et la date de fin souhaitée par l'usager pour un service. Cette valeur est liée au profil de puissance proposé par l'agent.

Une réalisation correspond donc à un profil de puissance dénoté (k, Π, σ) sur la période de temps $[k, k+l]$; σ représente la valeur de satisfaction de ce profil représentant le degré de satisfaction de l'usager vis à vis du service accompli par l'agent.

4.3.2   Modélisation d'un agent permanent

Un service permanent est caractérisé par une quantité d'énergie consommée ou produite. La flexibilité de ce service vient de la possibilité de modifier les quantités énergétiques consommées/produites sur toutes les périodes (diminution ou augmentation de la consommation ou de la production d'énergie à un moment donné).

La connaissance interne (privée) de l'agent permanent peut être modélisée par :
— une variable caractéristique du service (par exemple : la température pour un service de chauffage) ;
— un modèle comportemental qui permet de décrire l'évolution continue de l'activité du service comme le chauffage ou la climatisation en fonction de puissances injectées et d'autres grandeurs de contexte. Comme nous l'avons déjà montré, ce modèle peut être décrit sous la forme d'un système d'équations différentielles ;
— une fonction de satisfaction qui dépend des variables d'état qui modélisent le modèle comportemental du service.

La connaissance externe (partagée) de l'agent permanent représente l'information échangée entre les agents. Cette connaissance peut être modelée par une réalisation :
— un profil de puissance : $\Pi = (P_{i,k}, \ldots, P_{i,k+l})$ où $P_{i,m}$ représente la puissance consommée/produite (négative/positive) du service pendant la période allant de k à $k+l$. l représente l'horizon de temps sur lequel on traite le problème d'affectation d'énergie. La durée du service Δ_i couvre toute la longueur du profil : $length(\Pi)$;

— une valeur de fonction de satisfaction qui dépend de la variable caractéristique (par exemple : la variable d'énergie fournie pour une source d'énergie).

Une réalisation correspond donc à un profil de puissance dénoté (k, Π, σ) sur la période de temps $[k, k + l]$; σ représente la valeur de satisfaction de ce profil représentant le degré de satisfaction de l'usager sur le service accompli par l'agent.

Une vue synthétique d'un agent est donnée par le diagramme des classes UML (figure 4.8).

4.4 Système de gestion d'énergie multi-niveaux

Une fois la modélisation des agents faite, il faut s'intéresser au fonctionnement global du système MAHAS qui doit réaliser la fonction de pilotage (de contrôle - commande selon la terminologie des automaticiens) du système énergétique de l'habitat.

La plus grande difficulté dans un problème d'affectation de ressources d'énergie dans l'habitat est la prise en compte de dynamiques très différentes. Il existe des phénomènes qui exigent un temps de réponse très court, comme la violation de la contrainte de ressource maximale qui demande une gestion rapide des conflits de demande d'énergie. Le mécanisme de pilotage offrant ces propriétés est appelé « mécanisme réactif ». Il existe également des phénomènes physiques relativement lents comme l'inertie de l'habitat, des variations cycliques comme le prix de l'énergie achetée ou la capacité de production locale d'énergie comme l'énergie solaire par exemple. Ainsi, l'architecture de pilotage du système doit permettre de gérer ces phénomènes périodiques cycliques dans l'habitat. Le mécanisme de pilotage offrant ces propriétés est appelé « mécanisme anticipatif ».

En conséquence, l'architecture du système doit avoir un mécanisme réactif avec un temps de réponse court ainsi qu'un mécanisme anticipatif avec un temps de réponse plus long. Au cas où les contraintes de confort ne pourraient pas être satisfaites, l'usager peut être averti que ses contraintes ne peuvent pas être respectées et une négociation avec l'usager est menée pour relâcher les contraintes posées.

Le système MAHAS proposé est décomposé en deux niveaux principaux de pilotage (figure 4.9). Ces niveaux peuvent être distingués en fonction de différentes périodes d'échantillonnage et d'horizons de temps. Le mécanisme anticipatif planifie un plan de production et de consommation d'énergie pour des événements prévus à l'avance (de quelques heures à une journée). Ainsi, des informations couvrant une semaine peuvent être intégrées au mécanisme anticipatif. Le mécanisme réactif vise à réaliser le plan d'affectation du méca-

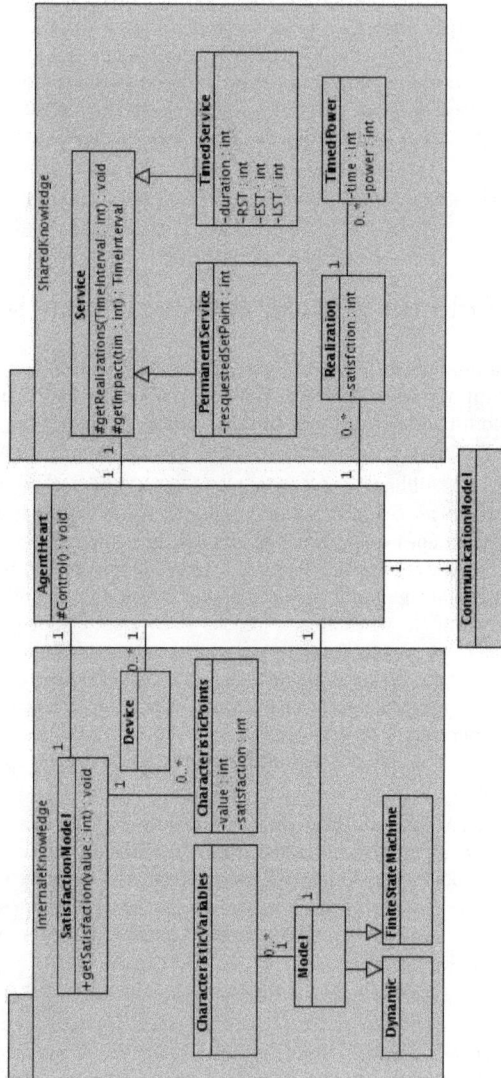

FIGURE 4.8 – *Diagramme des classes UML d'un agent du système MAHAS.*

nisme anticipatif. Il permet de réagir à des événements non prévus lors de la phase d'anticipation. Ce mécanisme a un horizon temporel court (de l'ordre d'une minute) avec un temps de réponse plus court que celui du mécanisme anticipatif.

Un troisième mécanisme peut exister ; il s'agit d'un mécanisme de commande (régulation) très local relié étroitement aux « contrôleurs » des différents équipements ou sources (par exemple : le thermostat d'un radiateur). Son temps de réponse est en général très court. Ce mécanisme fonctionne en toute indépendance jusqu'à ce qu'il reçoive une consigne de son agent (l'agent auquel il est directement relié) qui devient alors prioritaire. Inversement, il transmet régulièrement des informations sur son état courant à son agent pour qu'il puisse les prendre en compte dans ses prédictions et ses négociations futures.

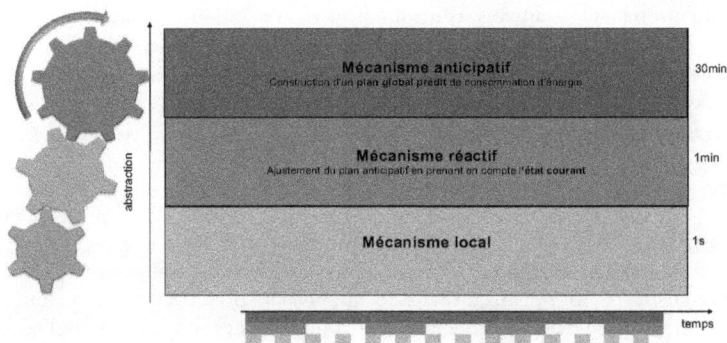

FIGURE 4.9 – *Système de pilotage multi niveaux du système MAHAS.*

4.4.1   Mécanisme anticipatif

Le système de gestion d'énergie peut être amélioré si les situations délicates sont anticipées. Cette fonctionnalité est réalisée par le *mécanisme d'anticipation*. L'objectif de ce mécanisme est de calculer un « plan global de consommation et de production de l'énergie » en fonction des prédictions de consommation des différents services et des prédictions de disponibilité des sources d'énergie. La prédiction repose sur des prévisions météorologiques et sur les données de programmation des services des utilisateurs. Le mécanisme d'anticipation s'appuie sur le fait qu'il y a d'une part, des équipements électriques capables d'emmagasiner de l'énergie sous forme thermique (par exemple : un cumulus) et d'autre part, des équipements qui peuvent être décalés dans le temps (par exemple : la mise en route d'un lave-vaisselle peut être avancée ou retardée).

Ce mécanisme, ayant un niveau d'abstraction plus haut dans l'architecture du système, fonctionne sur des périodes de temps longues (de l'ordre d'une heure) et travaille sur des valeurs d'énergie moyennes.

4.4.2 Mécanisme réactif

Le mécanisme réactif est un mécanisme essentiel du système, il permet de réagir à des événements non prévus et d'éviter l'interruption totale du service (l'équivalent de la coupure de courant que provoque un disjoncteur électrique classique en cas de surcharge). Ce mécanisme réalise ce que l'on peut appeler un « délestage intelligent » puisque certains services peuvent être interrompus temporairement. Toutefois, contrairement à un délesteur classique pour lequel les services non prioritaires sont définis a priori pour une installation, ici, les agents embraqués sur les équipements négocient lesquels seront délestés.

Comme le mécanisme anticipatif travaille sur des valeurs moyennes sur une période relativement longue (une heure typiquement), un niveau plus proche de l'équipement est nécessaire pour prendre en compte les valeurs réelles de consommation et de production d'énergie. Ce mécanisme est transparent vis à vis du mécanisme d'anticipation parce que les échelles de temps (et donc les périodes d'observation de l'environnement) sont très différentes (courtes pour le mécanisme réactif, longues pour le mécanisme anticipatif). Ainsi, le mécanisme réactif ajuste en temps réel les valeurs prédites du plan en fonction de l'état courant de l'équipement, des contraintes et des critères de l'usager. Des nouvelles consignes sont alors transmises aux équipements.

La figure suivante résume le fonctionnement du système MAHAS (figure 4.10).

4.5 Conclusion

Nous traitons le problème de la gestion d'énergie en temps discret. Nous considérons que le temps est discrétisé par des périodes ayant la même durée Δ. Cela convient à notre problème et surtout pour le mécanisme anticipatif parce que c'est une approximation.

Résoudre un problème par niveaux de pilotage permet de construire une solution acceptable intégrant les informations disponibles à différents niveaux d'abstraction. En calculant une solution au niveau le plus élevé, cela veut dire qu'avec la période d'échantillonnage la plus longue, on peut prendre en compte les prédictions les moins précises. Ensuite, la solution du problème est affinée

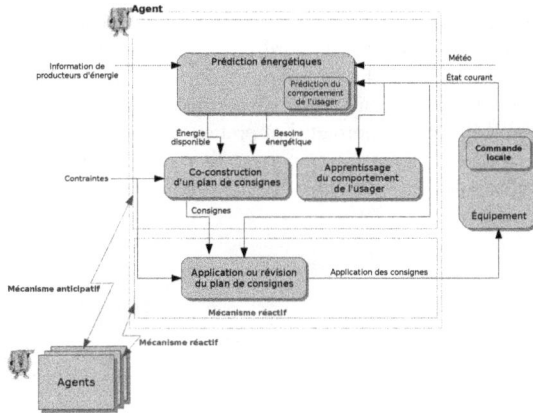

FIGURE 4.10 – *Le fonctionnement de mécanismes du système MAHAS.*

du niveau de contrôle ayant un niveau d'abstraction plus bas en mettant à jour la solution déjà calculée. En passant à un niveau plus bas, le niveau d'abstraction est réduit ainsi petit à petit. La solution tend de plus en plus vers la consommation réelle des équipements dans l'habitat.

En conclusion, nous avons présenté les deux catégories de services que l'on rencontre dans l'habitat. Un service peut appartenir à deux grandes catégories : permanent ou temporaire, suivant sa nature. Pour chacune de ces catégories, on distingue les services interruptibles, décalables et modifiables. Certains services sont prédictibles, soit à partir d'informations météorologiques, soit par une programmation des usagers ou même par un apprentissage des habitudes des usagers.

Les différents types de modèles de comportement appropriés au contexte ont été présentés parmi lesquels les modèles continus dynamiques et les modèles sous forme d'automate à états finis.

La résolution du problème de la gestion d'énergie par les Systèmes Multi-Agents nécessite tout d'abord une phase de modélisation des composants du système « les agents ». C'est pour cela que nous avons envisagé une modélisation générale du problème qui couvre tous les éléments de la gestion de l'énergie dans l'habitat.

Nous avons aussi présenté l'architecture du système qui est adaptée à différentes échelles de temps : le mécanisme réactif et le mécanisme anticipatif. Le mécanisme anticipatif travaille sur des périodes longues (de l'ordre d'une heure). Il a pour objectif de faire un plan d'affectation de ressources d'énergie en travaillant sur des grandeurs moyennes. Le mécanisme réactif travaille sur des périodes plus courtes (de l'ordre d'une minute). Ce mécanisme a pour objectif d'ajuster le plan d'affectation et de réagir à des événements imprévus et d'éviter l'interruption totale du service. Il travaille sur des grandeurs réelles. Cette architecture permet d'appréhender des phénomènes décrits avec différentes échelles de temps ; cela permet de construire une solution intégrant toutes les informations disponibles à différents niveaux d'abstraction.

Chapitre 5

MÉCANISME RÉACTIF

Ce chapitre a pour objectif de décrire précisement le mécanisme réactif du système MAHAS que nous avons introduit au chapitre précédent. Ce mécanisme permet de réagir à des événements imprévus et d'éviter le délestage ou l'interruption totale de services (pénalisation d'un équipement à cause d'un manque d'énergie pendant une période de temps). Ce mécanisme vise à appliquer un plan consommation/production fourni par le mécanisme anticipatif en veillant à satisfaire les contraintes énergétiques de différents entités du système en temps réel.

Dans un premier temps, nous introduisons les principes des systèmes de délestage classiques dans l'habitat. Cela permettra de comparer le mécanisme réactif proposé avec un système de délestage classique pour montrer l'efficacité du mécanisme proposé. Nous décrivons ensuite le niveau individuel et l'intelligence collective des agents, ce qui se traduit par des échanges de messages : envoi/réception de messages (fait et analyse de propositions).

Introduction

Dans la littérature, Penya et Sauter (2004) présentent une approche distribuée de la charge du réseau basée sur le paradigme des Systèmes Multi-Agents au niveau de la communication. Contrairement à une approche traditionnelle où tout le contrôle de la gestion d'énergie est centralisé en un point, Penya et Sauter (2004) proposent une distribution des tâches de contrôle entre les équipements. Cependant ce système n'ordonnance la consommation que sur un long terme en s'appuyant sur les prédictions de consommation/production d'énergie sans tenir compte que la consommation en temps réel peut s'éloigner largement des prévisions.

Dans la littérature, la plupart de systèmes basés sur des agents s'adaptent aux situations courantes. Davidsson et Boman (2005)] présente un Système

Multi-Agents pour la maîtrise de l'énergie dans les bureaux. Un de buts de ce système est d'adapter la température dynamiquement dans un bureau en fonction de la présence d'utilisateurs.

En informatique, les Systèmes Multi-Agents réactifs offrent un cadre conceptuel permettant la représentation et la simulation de tels systèmes. Néanmoins, utiliser ce principe pour la résolution de problèmes reste encore difficile à concevoir : la détermination des comportements individuels et du mécanisme d'interaction en prenant en compte le niveau collectif des agents reste la charge du concepteur. Deux niveaux de comportements dans le système peuvent donc être distingués :

— le niveau individuel : les différentes entités ont une connaissance limitée de la communauté et des différentes tâches à résoudre. La prise de décision n'est pas faite par des représentations et des raisonnements sophistiqués ;
— le niveau global : il n'y a pas de représentation globale à construire et à maintenir. Par contre, l'intelligence est collective plutôt qu'individuelle : les interactions entre les agents y jouent un rôle fondamental.

5.1   Système de délestage classique

Plusieurs systèmes de régulation et de programmation permettant de gérer les pics de consommation existent sur le marché. Citons [Cristal-Contrôles], [WO] et [Hager]. Un système de délestage électrique s'applique à un ensemble d'équipements prédéfinis, tels que les équipements d'éclairage ou de chauffage. Chaque équipement est alimenté en tension alternative par une ligne qui lui est propre. Une priorité est prédéfinie pour chaque équipement connecté à ce système en fonction du désir de l'utilisateur. Les équipements qui n'y sont pas connectés sont alimentés directement par les sources d'énergie et ne peuvent pas être délestés (figure 5.1).

Le système de délestage permet de délester certains équipements considérés comme non prioritaires. Ce système consiste à stopper volontairement l'approvisionnement d'un ou de plusieurs équipements (consommateurs) pour satisfaire aux contraintes de ressource maximale de la production. Le système de délestage fonctionne sur un ou plusieurs seuils de puissance/courant. Dès qu'un seuil est dépassé, un relais de délestage coupe les équipements définis comme non prioritaires.

L'inconvénient de ce type de systèmes est qu'ils privilégient systématiquement les équipements définis comme prioritaires au détriment des autres, et ce, indépendamment de la situation courante de l'utilisateur. Même s'il fait 10° dans une pièce au grand damne des habitants : si son système de chauffage a été prédéfini comme étant non prioritaire, il sera délesté.

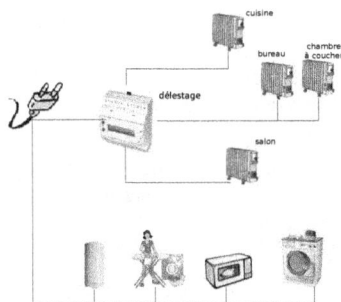

FIGURE 5.1 – *Un exemple d'un système de délestage traditionnel.*

Nous présentons dans le paragraphe suivant le mécanisme réactif proposé pour la gestion réactive de l'énergie dans l'habitat qui constitue l'un des aspects essentiels du système MAHAS. Nous détaillerons le niveau individuel et l'intelligence collective d'agents en s'inspirant des phénomènes existants notamment dans le cadre des société d'humains.

5.2 Mécanisme réactif

Les Systèmes Multi-Agents constitués uniquement d'agents réactifs possèdent généralement un grand nombre d'agents. Chaque agent est dénué de capacité de raisonnement intelligent sophistiqué (comportement réactif). Le comportement intelligent résulte de la pertinence des échanges entre agents. Envisager un collectif pose alors le problème d'organiser les différentes activités des agents afin que globalement ce collectif se comporte comme un tout cohérent et réponde aux exigences qui lui sont fixées. La convergence du comportement de l'ensemble des agents tend vers un objectif, mais il existe peu de cas où la solution trouvée soit la solution optimale. Néanmoins, dans les situations complexes comme la gestion de l'énergie dans l'habitat, une bonne solution (admissible) est généralement suffisante.

Le mécanisme réactif est un mécanisme essentiel du système MAHAS. Il permet de réagir à des événements imprévus (manque d'énergie imprévue dans une période de temps, consommation non programmée, etc) et d'éviter l'interruption totale du fonctionnement de certains équipements prédéfinis (arrêt complet d'un four ou d'un radiateur dans une pièce), cela permet de faire face aux situations d'urgence et de maintenir un confort satisfaisant pour l'utilisateur. Ce mécanisme réalise ce que l'on peut appeler un « délestage intelligent » puisque certains équipements peuvent être interrompus temporairement. Toutefois, contrairement à un délesteur classique pour lequel les équipements non prioritaires sont définis a priori pour une installation, ici, les agents embarqués dans les équipements négocient lesquels seront délestés.

Ce mécanisme travaille sur des valeurs réelles d'énergie sur une période relativement courte (de l'ordre d'une minute) parce que d'une part, son objectif est de réagir à des événements imprévus instantanés, et d'autre part, un niveau plus proche de l'équipement est nécessaire pour prendre en compte les valeurs réelles de consommation et de production d'énergie.

5.2.1 Principe du mécanisme réactif

Comme nous l'avons vu précédemment, en domotique, le confort est une notion importante à prendre en considération car le but d'un système domotique est de répondre à un besoin de confort tout en minimisant le coût énergétique. Cette notion est traduite par des fonctions de satisfaction.

Un Système Multi-Agents est dit « réactif » si son comportement repose sur des actions déclenchées suivant un processus stimulus-réponse. Mais pour que les agents puissent agir, ils doivent observer leur environnement (y compris leur état). Dans le système MAHAS, le mécanisme réactif s'appuie sur la notion de satisfaction pour déterminer son état courant et pour décider d'actions à entreprendre.

Ce mécanisme est déclenché quand le niveau de satisfaction d'un agent tombe en dessous d'une certaine valeur ; un agent commencera alors une négociation avec les autres agents. Ainsi, le mécanisme réactif ajuste en temps réel les consignes prédites en fonction de l'état courant de l'équipement, des contraintes et des critères de l'usager. De nouvelles consignes sont alors transmises aux équipements.

Par analogie avec le principe de Système Multi-Agents réactif, les agents du mécanisme réactif se comportent selon un processus stimulus-réponse [Vidal *et al.* (2001)] avec des capacité de communication (envoi/réception des messages). Le rôle d'un agent est le suivant :

— il surveille en permanence son niveau de satisfaction courant (par exemple, la valeur température pour le service de chauffage : un capteur physique) ;

— lorsque son niveau de satisfaction tombe en dessous d'une valeur de satisfaction (satisfaction critique), il en avertit les autres agents (demande d'aide en envoyant des messages) ;

— lorsqu'il reçoit des demandes des autres agents, il les analyse et fait des propositions en retour ;

— lorsqu'il reçoit des réponses à ses propres demandes, il choisit les propositions les plus intéressantes.

Cela peut être résumé par la figure 5.2.

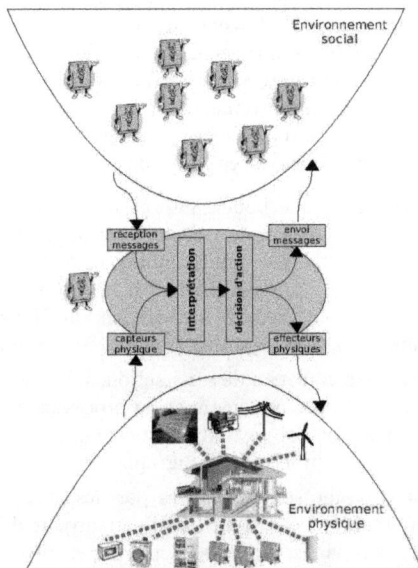

FIGURE 5.2 – *Interaction agent-environnement.*

Dans cette figure :
— les capteurs sont les valeurs captées permettant de connaître la satisfaction courante de l'usager et le comportement de l'équipement (par
exemple, les températures d'une pièce ou la date de fin d'une tâche
pour un four) ;
— les entrées de **réception** sont soit des messages d'autres agents demandant une aide ou informant d'une situation, soit un événement en
provenance de l'environnement physique ;
— les sorties d'**envoi** sont des messages envoyés aux autres agents soit
pour leur demander une aide, soit pour leur faire des propositions ;
— les effecteurs sont des consignes de fonctionnement pour les équipements (par exemple, interruption temporaire d'un lave-linge, baisse de
consommation d'un radiateur).
— Quand un agent perçoit des entrées (réception de messages ou capture
des valeurs), il les interprète et il y réagit en choisissant parmi les

règles prédéfinies une action adaptée à cette situation tout en prenant
en compte son état courant et celui futur ;

Les grands principes d'un modèle d'agent (purement réactif) se retrouvent
dans les agents du mécanisme réactif. Par contre, ces agents ont de capacité
de communication, le modèle d'agent du mécanisme réactif est le suivant :
— chaque agent fonctionne selon une boucle infinie ;
— un environnement perçu et sur lequel il agit ;
— le choix de son comportement ;
— l'acceptation ou le refus de propositions ;
— les actions sont constituées d'échanges de messages.

L'agent utilise donc une boucle interne infinie (tant qu'il existe), ce qui
permet d'assurer la persistance de l'agent. L'agent scrute son niveau de satisfaction lors de chaque cycle de sa boucle infinie. Le niveau d'urgence correspond
à une satisfaction critique au cycle suivant, il va déterminer la période réactive
en fonction de la pente de la courbe de satisfaction. Nous appellerons le cycle
de sa boucle infinie « période réactive » qui est un paramètre de l'agent.

L'agent surveille son niveau de satisfaction, si le niveau de satisfaction critique est atteint, il initialise une instance du processus d'échange de messages.
Ces communications font l'objet d'un protocole que nous allons construire au
fur et à mesure dans les prochains paragraphes.

Les demandes d'aide sont formulées par des messages représentant une
demande d'énergie. L'objectif d'un agent, au niveau du mécanisme réactif,
est de coopérer en répartissant cette demande entre tous les agents (figure
5.3). C'est pour cela que l'énergie demandée est multiple de tranches d'énergie
$P_{pas} = \frac{P}{n}$ réparties sur le nombre des agents négociant n. Quand un agent est
connecté au système, il est muni d'un annuaire local des agents qui peuvent
participer aux négociations.

Un des paramètres essentiels dans le mécanisme réactif est le niveau de
satisfaction critique qui représente le niveau d'urgence pour la fonction de
satisfaction d'un agent (quand la fonction de satisfaction baisse en deçà de cette
valeur). Il représente la satisfaction la plus petite des agents dans le système.
Pour mettre en place le mécanisme réactif, il sera nécessaire de répondre aux
questions suivantes :

Comment évaluer la valeur de satisfaction critique ?

Faut-il fixer statiquement ou dynamiquement le niveau de la satisfaction
critique ?

Nous répondons à cette question dans le paragraphe suivant.

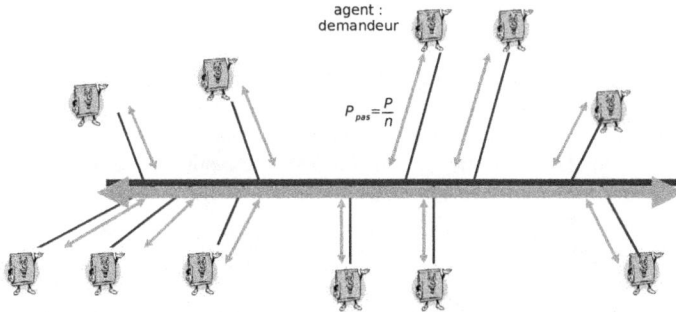

FIGURE 5.3 – *Agents du mécanisme réactif.*

5.2.2 Évaluation du niveau de satisfaction critique

Le niveau de satisfaction critique représente un seuil d'urgence. Ce niveau est le seuil de satisfaction des agents dans le système. Quand le niveau de satisfaction d'un agent baisse en dessous du niveau de satisfaction critique, le mécanisme réactif est déclenché. La satisfaction critique sert aussi à déterminer le niveau jusqu'où les agents peuvent baisser leur satisfaction quand ils font des propositions à un autre agent dans un état d'urgence. Ce seuil peut être une valeur fixe ou une valeur ajustée au cours du temps. Ce seuil va être ajusté en fonction de la fréquence des appels d'urgence. Pour adapter ce seuil au cours du temps, chaque agent a une fonction dont le rôle est d'adapter la valeur de satisfaction critique en fonction de la fréquence des appels d'urgence.

En fonction des appels d'urgence, la valeur de la satisfaction critique s'adapte. Supposons qu'il y ait beaucoup d'appels d'urgence, la valeur de la satisfaction critique baisse, cela donne aux agents plus de marge de satisfaction et la possibilité de faire plus de propositions. Dans le cas contraire, quand il n'y a pas beaucoup d'appels, cette valeur augmente, cela permet d'améliorer le niveau de satisfaction moyen des agents.

Les agents évaluent la valeur de satisfaction critique tous les T_{scan} en fonction de la fréquence des appels d'urgence. Soit $[f_1, f_2]$, l'intervalle des fréquences d'appel d'urgence. Soit $f = \frac{n}{T_{scan}}$, la fréquence d'appel d'urgence observé durant une période $[k*T_{scan}, (k+1)*T_{scan}]$. L'évaluation de valeur de satisfaction critique à l'instant $k*T_{scan}$ est faite de la façon suivante :

— $f < f_1$: il n'y a pas beaucoup d'appels d'urgence, cela implique d'augmenter la satisfaction moyenne d'agents, alors chaque agent augmente la valeur de satisfaction critique de la façon suivante :

$$\sigma_{critique,k+1} = (1 - e^{-\frac{T_{scan}}{\tau}})(1 - \sigma_{critique,k}) + \sigma_{critique,k}$$

Dans ce cas, seulement les agents ayant de satisfaction plus élevée que la satisfaction critique font des propositions en cas d'urgence ;

— $f > f_2$: il y a beaucoup d'appels d'urgence, cela implique de baisser la satisfaction critique pour que les agents puissent faire plus de propositions, alors chaque agent baisse la valeur de satisfaction critique de la façon suivante :

$$\sigma_{critique,k+1} = e^{-\frac{T_{scan}}{\tau}} \sigma_{critique,k}$$

— $f \in [f_1, f_2]$: la fréquence des appels d'urgence se stabilise entre deux valeurs, alors la satisfaction critique ne change pas :

$$\sigma_{critique,k+1} = \sigma_{critique,k}$$

Quand un agent n'arrive pas à sortir d'un état d'urgence parce qu'il n'a pas reçu assez des propositions intéressantes lors d'une première demande, cet agent redemande de nouveau une aide. Cela implique de baisser la satisfaction critique pour que les agents fassent plus de propositions. C'est pour cela que les agents réévaluent la satisfaction critique sur l'intervalle $[t - T_{scan}, t]$ en la baissant de la façon décrite précédemment ($\sigma_{critique,t} = e^{-\frac{T_{scan}}{\tau}} \sigma_{critique,t-T_{scan}}$).

Le fait d'évaluer le niveau de satisfaction critique dynamiquement permet au système MAHAS de s'adapter au contexte énergétique et d'homogénéiser les niveaux de satisfation entre les agents.

Quand un agent est connecté au système, il est initialisé avec la valeur de satisfaction critique courante. Nous rappelons aussi que quand un agent est connecté au système, il est muni d'un annuaire local (dénoté : A) des agents qui peuvent participer aux négociations : des agents coopératifs. Par contre, les agents, qui ne peuvent pas participer aux négociations, n'existent pas dans cet annuaire (par exemple, un agent de service « chauffage » ne peut pas baisser la température dans une chambre où des enfants jouent).

Pour présenter les mécanismes de coopération entre agents en phase réactive, nous présentons dans les paragraphes suivants le principe de fonctionnement d'un agent temporaire ainsi que celui d'un agent permanent.

5.2.3   Interaction d'un agent temporaire

Comme nous l'avons vu précédemment, un agent temporaire offre un service temporaire SRV_i qui est caractérisé temporellement par sa durée et sa date de fin d'exécution souhaitée. Un modèle comportemental à états finis permet généralement de modéliser les étapes de fonctionnement d'un service. Dans les paragraphes suivants, nous présentons comment un agent temporaire peut agir et communiquer avec les autres agents par des échanges de messages : envoi de messages, collecte et analyse des propositions.

Envoi de message : service temporaire

Supposons qu'un service temporaire SRV_i, composé de plusieurs étapes, soit mis en route et que ce service n'ait pas été planifié, son agent embarqué (a_d) demande aux agents existants dans son annuaire A de lui fournir de l'énergie. Il leur demande de l'énergie P_{i_1} pour une durée Δ_{i_1} correspondant à la première étape de ce service sur son intervalle de temps $[ST_{i1}, ET_{i1}]$; $\Delta_{i_1} = ET_{i1} - ST_{i1}$. De plus, il envoie une demande au mécanisme d'anticipation pour qu'il recalcule un nouveau plan en prenant en compte les étapes restants de son service.

Il attend, durant une période prédéfinie, des propositions multiples de tranche d'énergie $P_{pas} = \frac{P_{i_1}}{n}$ qui est l'énergie demandée P_{i_1} répartie sur le nombre des agents existants dans son annuaire (n).

Quand l'agent a_d reçoit les propositions d'autres agents, il vérifie :

— s'il y a assez d'énergie, dans ce cas, ce service démarre ;

— sinon, il calcule la satisfaction moyenne des agents ayant répondu (m) :

$\sigma_{moyenne} = \frac{1}{m} \sum_{j=1}^{m} \sigma_j$; puis il redemandera de l'énergie quand sa satisfaction aura atteint la satisfaction moyenne calculée. Cela permet d'atteindre une satisfaction homogène pour tous les services actifs.

Ce mécanisme peut être résumé par l'algorithme ALG. 1.

Dans ce cas, le message envoyé par un agent temporaire a_d aux autres agents A peut être le suivant :

$$\texttt{request}(a_d, \; A, \; \texttt{"reactive"}, \; ST_{i_1}, ET_{i_1}, \; P_{i_1}, \; P_{pas})$$

De la même façon, supposons qu'un service soit en cours d'exécution, qu'il n'ait pas assez d'énergie disponible pour une de ses étapes et que le niveau de satisfaction critique soit presque atteint. L'agent procède alors au même raisonnement que celui présenté ci-dessus (ALG. 1) pour l'étape courante. Il demande aux autres agents une quantité d'énergie pour un intervalle de temps dans le but d'augmenter son niveau de satisfaction au dessus de la satisfaction critique.

---

demande initiale d'énergie P_{i_1} aux agents (A) pour démarrer ;
réception de propositions à sa demande du démarrage pendant une période prédéfinie ;
Si (énergie suffisante) **Alors**
| démarrage du service ;
Sinon

| calcul de $\sigma_{moyenne} = \frac{1}{m}\sum_{j=1}^{m} \sigma_j$;

| *[la satisfaction moyenne des agents ayant répondu]*
| Attente et demande d'énergie quand $\sigma = \sigma_{moyenne}$;
| réception de propositions pendant une période prédéfinie ;
| **Si** (énergie suffisante) **Alors**
| | démarrage du service ;
| | *[cela sert à équilibrer les satisfactions des agents]*
| **Sinon**
| | attente et demande d'un appel quand $\sigma_i <= \sigma_{critique}$;
| **Fin Si**
Fin Si

ALG. 1: Mécanisme de demande d'énergie d'un agent temporaire.

Exemple de demande d'énergie pour un agent temporaire

Considérons un système qui est composé de quatre équipements : un radiateur, un lave-linge, un four et un chauffe-eau. Une seule source d'énergie électrique de $4.6kw$ est disponible (du type de celle que représente EDF).

Supposons que le service temporaire « lavage » soit composé de 4 étapes : prélavage, lavage, rinçage et essorage. Ce service est modélisé par un automate à états finis (figure 5.4). Chaque étape (j) du lave-linge est modélisé par une quantité P_{i_j} consommée durant la période $ET_{i_j} - ST_{i_j}$; ET_{i_j} est la date de fin de l'étape j et ST_{i_j} est la date de début de l'étape j.

Les paramètres caractéristiques des étapes sont données par le tableau 5.1.

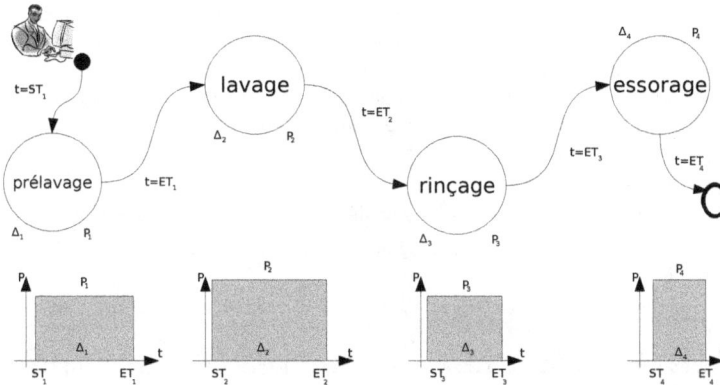

FIGURE 5.4 – Exemple du service « lavage ».

Étape	ST_{i_j}	ET_{i_j}	P_{i_j}
Prélavage	0 min	15 min	$1200W$
Lavage	16 min	45 min	$1400W$
Rinçage	46 min	55 min	$1200W$
Essorage	56 min	60 min	$1400W$

TABLE 5.1 – Exemple d'un service « lavage ».

Supposons que ce service puisse être décalé dans le temps de 15 minutes. La figure 5.5 représente la fonction de satisfaction de ce service qui dépend de la date de fin du service.

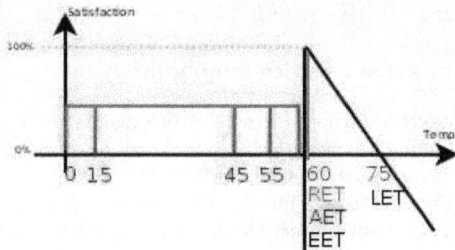

FIGURE 5.5 – *Fonction de satisfaction du service « lavage ».*

Supposons que le service « lavage » soit mis en route et que ce service n'ait pas été planifié au niveau du mécanisme anticipatif, l'agent lié au lave-linge demande aux agents existants dans son annuaire (un radiateur, un four, un chauffe-eau et une source d'énergie) de lui fournir de l'énergie. Il leur demande de lui fournir de l'énergie pour sa première étape $P_{i_1} = 1200W$ multiple de $P_{pas} = \frac{1200}{4}$ pour une durée $\Delta_{i_1} = ET_{i_1} - ST_{i_j} = 15$ correspondant à l'intervalle de la première étape $[0, 15]$.

Les messages envoyés par l'agent lié au lave-linge sont les suivants :

request(agent-lave-linge, agent-radiateur, "reactive", 0, 15, 1200, 300)

request(agent-lave-linge, agent-four, "reactive", 0, 15, 1200, 300)

request(agent-lave-linge, agent-chauffe-eau, "reactive", 0, 15, 1200, 300)

request(agent-lave-linge, agent-source, "reactive", 0, 15, 1200, 300)

Supposons qu'il n'y ait pas assez d'énergie et que la satisfaction moyenne des agents ayant répondu $\sigma_{moyenne}$ soit égale à 72%, l'agent lié au lave-linge redemande aux autres agents de l'énergie quand il aura un niveau de satisfaction de $\sigma_{moyenne} = 72\%$: un décalage de 4 minutes.

Les messages renvoyés par l'agent lié au lave-linge sont les suivants :

request(agent-lave-linge, agent-radiateur, "reactive", 4, 19, 1200, 300)

request(agent-lave-linge, agent-four, "reactive", 4, 19, 1200, 300)

request(agent-lave-linge, agent-chauffe-eau, "reactive", 4, 19, 1200, 300)

request(agent-lave-linge, agent-source, "reactive", 4, 19, 1200, 300)

Réponse à un message : service temporaire

Dans le contexte réactif, un des rôles des agents est de réagir aux actions et notamment de répondre aux demandes des autres agents. Quand un agent temporaire a reçoit un message de n'importe quel agent a_d demandant de l'énergie P pour l'intervalle de temps $[t_s, t_f]$, l'agent a vérifie la possibilité d'interrompre son service pour l'intervalle demandé. Il vérifie les trois conditions suivantes :

— si la durée demandée $d = t_f - t_s$ est supérieure à la durée d'interruption minimale $\Delta_{i_j, int_{min}}$ (pour l'étape courante j de son service SRV_i) ;

— si la durée demandée d est inférieure à celle de d'interruption maximale $\Delta_{ij,int_{max}}$;
— si la durée demandée d est inférieure à l'accumulation des durées d'interruption $\Delta_{ij,int_{cum}}$.

Si l'une des conditions précédentes n'est pas satisfaite, son service ne peut pas être interrompu pour l'intervalle demandé, il ne répond pas donc à la demande de l'agent a_d.

Si les trois conditions sont satisfaites, son service peut être interrompu pour l'intervalle demandé. Il calcule la satisfaction σ, qui dépend de la date de fin de service temporaire (figure 5.5), due à cette interruption (se référer au paragraphe §4.4.1). Puis il envoie une proposition composée de la satisfaction σ et de la puissance de l'étape courante P_{i_j}. Il envoie aussi une proposition nulle de 0 *watt* (la satisfaction de son service sans interruption σ_0). Le fait d'envoyer une proposition de 0 *watt* permet à l'agent demandeur a_d de calculer la satisfaction moyenne pour que l'agent demandeur a_d essaie d'atteindre cette satisfaction. Par contre, les agents, qui sont non interruptibles, ne proposent rien, leurs satisfactions ne sont donc pas incluses pour calculer la satisfaction moyenne.

Ce mécanisme peut être résumé par l'algorithme ALG. 2.

---

a_d : **agent** ; *[l'agent demandeur]*
a : **agent** ; *[l'agent qui propose]*
$[t_s, t_f]$: **intervalle de temps** ; *[l'intervalle de temps demandé]*
propositions $\leftarrow \emptyset$: **liste de propositions** ;
Require : j $\leftarrow$ étape courante ;
Si $((ST_{i_j} \leq t_s) \,\&\, (t_f \leq ET_{i_j}) \,\&\, (\Delta_{ij,int_{min}} > 0))$ **Alors**
$\quad | \quad d \leftarrow t_f - t_s$; *[la durée demandée]*
$\quad | \quad$ **Si** $((d < \Delta_{ij,int_{max}}) \& (d < \Delta_{ij,int_{cum}}) \& (d > \Delta_{ij,int_{min}}))$ **Alors**
$\quad | \quad | \quad$ calcul de σ pour une interruption de durée d ;
$\quad | \quad | \quad$ ajout de (P_{i_j}, σ) à *propositions* ;
$\quad | \quad$ **Fin Si**
$\quad | \quad$ **Si** $(propositions \neq$ nul)) **Alors**
$\quad | \quad | \quad$ calcul de σ_0 pour interruption d'une durée 0 ;
$\quad | \quad | \quad$ ajout de $(0, \sigma_0)$ à *propositions* ;
$\quad | \quad$ **Fin Si**
Fin Si

ALG. 2: Mécanisme de réponse d'un agent temporaire à une demande d'énergie

Dans ce cas, le message envoyé en retour par l'agent temporaire a à l'agent a_d, qui avait demandé d'énergie, peut être le suivant :

propose(a, a_d, "reactive", *propositions*)

où *propositions* est l'ensemble de propositions constituées, pour chacune d'elle, d'une valeur de puissance et d'une satisfaction.

Quand l'agent a reçoit une acceptation pour sa proposition de la part d'un agent a_d, il modifie l'accumulation des durées d'interruption $\Delta_{i_j,int_{cum}}$ et il met à jour les temps de début et de fin de toutes les étapes suivantes.

Exemple de réponse d'un agent temporaire à une demande d'énergie

Considérons le système présenté précédemment, supposons que tous les services aient déjà été planifiés au niveau de mécanisme anticipatif. Supposons qu'un agent (celui lié au radiateur) a_d demande de l'énergie $P = 1600W$ sur l'intervalle [19, 29]. Quand l'agent lié au lave-linge reçoit la demande de l'agent lié au radiateur, il vérifie les trois conditions d'interruption citées précédemment. Ce service peut être décalé de 15 minutes en supposant que l'étape de lavage peut être interrompue. Dans ce cas, l'agent lié au lave-linge calcule la satisfaction pour une interruption de $d = 29 - 19$ ($\sigma = 33\%$). Il envoie deux propositions $\{(0, 100), (1400, 33)\}$ où la première proposition représente une proposition nulle pour préciser la satisfaction du service « lavage» sans interruption.

Le message envoyé de l'agent lié au lave-linge à l'agent lié au radiateur peut être le suivant :

```
propose(agent-lave-linge, agent-radiateur, "reactive", 0 100
                          1600 33)
```

Analyse de message : service temporaire

Supposons qu'un agent a_d lié au service temporaire SRV_i ait déjà envoyé un appel d'urgence demandant de l'énergie P_{i_j} pour l'étape (j) correspondant à l'intervalle du temps $\Delta_{i_j} = [ST_{i_j}, ET_{i_j}]$. Les réponses sont attendues jusqu'à un délai de garde, les réponses reçues en dehors de ce délai sont ignorées.

Quand cet agent a_d reçoit des propositions d'autres agents en réponse à sa demande dans un délai prédéfini :

— il classe les propositions selon leurs puissances croissantes. Cela permet de répartir la puissance demandée sur tous les agents et de ne pas diminuer les satisfactions d'agents ;

— il vérifie si les puissances proposées sont suffisantes sachant qu'il n'en accepte qu'une par agent, la plus petite possible. Cela permet de répartir la demande sur tous les agents pour ne pas trop pénaliser un autre service ;

— si la demande est satisfaite, l'agent envoie des messages d'acceptation aux agents concernés, sinon, il leur redemande de lui envoyer de propositions plus intéressantes : une évaluation de la satisfaction critique par chaque.

Ce mécanisme peut être résumé par l'algorithme ALG. 3.

---

a_d : **agent** ; *[l'agent demandeur]*

a : **agent** ; *[l'agent qui propose]*

P_{i_j} : **puissance demandée** ;

proposition : **Proposition** ; *[une proposition (p, σ) envoyée de a à a_d]*

propositions : **liste de propositions reçues** ;

acceptations $\leftarrow \emptyset$: **liste de propositions acceptées** ;

agents $\leftarrow \emptyset$: **liste des agents** ;

[liste des agents, qui proposent, dont certaines propositions sont acceptées]

classification de *propositions* selon leurs puissances croissantes ;

$p \leftarrow 0$;

Pour $((proposition \in propositions)$ & $(p < P_{i_j}))$ **faire**

> **Require** : $a \leftarrow proposition.agent$;
>
> *[celui qui a proposé la proposition]*
>
> $p \leftarrow p + P_{proposition}$;
>
> ajout de *proposition* à *acceptations* ;
>
> **Si** $(a \in$ agents$)$ **Alors**
>
> > *proposition* $\leftarrow$ l'ancienne proposition de l'agent a existant dans *acceptations* ;
> >
> > retrait de *proposition* de liste *acceptations* ;
> >
> > $p \leftarrow p - P_{proposition}$;
>
> **Sinon**
>
> > ajout de a à *agents* ;
>
> **Fin Si**

Fin Pour

Si $(p \geq P_{i_j})$ **Alors**

> envoi de messages d'acceptation aux *agents* ;

Sinon

> demande d'appel d'urgence de nouveau ;

Fin Si

ALG. 3: Mécanisme d'analyse des propositions reçues d'un agent temporaire.

Si la demande de l'agent a_d est satisfaite, le message envoyé en retour par l'agent temporaire a_d à l'agent a peut être le message suivant :

```
accept(a_d, a, "reactive", proposition)
```

Ce message indique à l'agent a qu'une de ses propositions a été acceptée. Si aucune proposition de l'agent a n'est retenue, aucun message n'est envoyé à l'agent a.

Quand un agent n'arrive pas à sortir d'un état d'urgence parce qu'il n'avait pas reçu assez des propositions intéressantes lors la première demande, cet agent redemande de l'aide :

request(a_d, A, "reactive", ST_{i_j}, ET_{i_j}, P_{i_j}, P_{pas})

Ce deuxième envoi consécutif de la demande de l'énergie implique que chaque agent baisse la satisfaction critique de la façon décrite précédemment (§5.2.2) pour que les agents fassent plus de propositions, ce qui permet de recevoir plus de propositions afin de sortir de cet état d'urgence.

Parce que le mécanisme réactif a pour objectif de réagir à des événements non prévus qui se déroulent en **temps réel**, si les réponses reçues ne sont encore pas suffisantes après la deuxième demande, un appel est fait auprès de l'usager car les contraintes ne peuvent pas être respectées.

Exemple d'analyse des propositions par un agent temporaire

Considérons le système présenté précédemment. Supposons que l'agent lié au lave-linge ait demandé de lui fournir de l'énergie pour sa première étape $P_{i_1} = 1200W$ multiple de $P_{pas} = \frac{1200}{4}$ pour une durée $\Delta_{i_1} = ET_{i_1} - ST_{i_j} = 15$ correspondant à l'intervalle de la première étape $[0, 15]$.

Supposons que les réponses des agents soient les suivantes :

propose(agent-radiateur, agent-lave-linge, "reactive", 0 90 300 70 600 50 900 20)

L'agent lié au radiateur envoie trois propositions pour l'intervalle demandé $[0, 15]$. Il peut libérer 300W, 600W ou 900W mais son niveau de satisfaction sera respectivement de 70%, 50% et 20% sinon, il est satisfait à 90%.

propose(agent-four, agent-lave-linge, "reactive", 0 80 1000 40)

L'agent lié au four envoie une seule proposition pour l'intervalle demandé $[0, 15]$. Il peut libérer 1000W mais son niveau de satisfaction sera à 40% sinon, il est satisfait à 80%.

propose(agent-chauffe, agent-lave-linge, "reactive", 0 90 300 80 600 50 900 10)

L'agent lié au chauffe-eau envoie trois propositions pour l'intervalle demandé $[0, 15]$. Il peut libérer 300W, 600W ou 900W mais son niveau de satisfaction sera respectivement de 80%, 50% de 10% sinon, il est satisfait à 100%.

    `propose(agent-source, agent-lave-linge, "reactive", 0 100`
`300 100 600 70 900 50 1200 40)`

L'agent lié à la source d'énergie électrique envoie quatre propositions pour l'intervalle demandé $[0, 15]$. Il peut fournir 300W, 600W, 900W ou 1200W mais son niveau de satisfaction sera consécutivement à 100%, à 70%, à 50% ou à 40% sinon, il est satisfait à 100%.

Quand l'agent lié au lave-linge reçoit les réponses, il les classe selon leurs puissances croissantes (table 5.2 ; E : agent-source, C : agent-chauffe-eau, R : agent-radiateur et F : agent-four)

Agent	E	C	R	E	R	C	E	R	C	F	E
Puissance	300	300	300	600	600	600	900	900	900	1000	1200
Satisfaction	100%	80%	70%	70%	50%	50%	50%	20%	10%	40%	40%

TABLE 5.2 – Propositions des agents en réponse à la demande de l'agent lié au lave-linge.

En appliquant le mécanisme présenté précédemment (ALG. 3), l'agent lié au lave-linge choisit les premières propositions d'agent-radiateur, d'agent-source et d'agent-chauffe-eau. Quand il ajoute la deuxième proposition de l'agent lié à la source d'énergie électrique de $600W$, il retire la première de $300W$. Il envoie des messages d'acceptation aux agents concernés :

    `accept(agent-lave-linge, agent-chauffe-eau, "reactive", 300`
`80)`

    `accept(agent-lave-linge, agent-radiateur, "reactive", 300`
`70)`

    `accept(agent-lave-linge, agent-source, "reactive", 600 70)`

Nous remarquons que la demande de l'agent lié au lave-linge a été répartie entre la plupart des agents et qu'aucun équipement n'a été pénalisé.

Les propositions à 0W servent dans le cas où il n'y pas assez de propositions intéressantes. L'agent lié au lave-linge peut alors calculer la satisfaction moyenne des agents ayant répondu $\sigma_{moyenne} = \frac{90+80+90+100}{4} = 90\%$, pour redemander de l'énergie quand sa satisfaction aura atteint 90%.

Nous avons vu dans les paragraphes précédents comment un agent temporaire peut interagir avec les autres agents. Nous présentons dans les paragraphes suivants l'interaction d'un agent permanent avec les autres.

5.2.4 Interaction d'un agent permanent

En tenant compte des caractéristiques de différentes catégories de services identifiés, nous avons choisi de définir comme équipement « type » le radiateur électrique placé dans une pièce, qui est, suivant notre classification, un service « chauffage ». Ce choix est apparu comme judicieux pour plusieurs raisons : d'une part, en Europe, le service chauffage représente généralement le service qui consomme le plus d'énergie, et donc celui sur lequelle il faut le plus travailler. D'autre part, la forte inertie inhérente à ce service est intuitivement un élément majeur dans la résolution d'un problème de gestion énergétique. On notera également que ce type de service est très représentatif car tous les services chauffage sont très semblables d'un point de vue modélisation : ils peuvent accumuler de l'énergie et possèdent une inertie thermique importante.

Comme nous l'avons vu précédemment, un agent permanent offre un service permanent SRV_i qui est caractérisé par une quantité énergétique consommée ou produite sur tout l'intervalle de temps d'un plan d'affectation de ressources d'énergie. Un modèle comportemental dynamique continu décrit le fonctionnement d'un service. Dans les paragraphes suivants, nous présentons comment un agent permanent peut agir et communiquer avec les autres agents par des messages : envoi de messages, émission de propositions et analyse de propositions.

Envoi de message : service permanent

Supposons qu'un service permanent soit mis en route et que ce service n'ait pas été planifié au niveau de mécanisme anticipatif. Pour que ce service puisse démarrer, son agent (a_d) demande aux agents existants dans son annuaire A de lui fournir de l'énergie. Il leur demande de la puissance $P_{i_{max}}$ (la puissance maximale) pour une durée Δ_i. Cette durée correspond à l'intervalle de temps $[t, t + 3\tau]$; τ étant la constante de temps ($t = 3\tau$ temps de réponse). Cette durée représente le temps nécessaire pour atteindre la température souhaitée pour les usagers dans une pièce.

Il attend, durant une période prédéfinie, des propositions de tranche d'énergie $P_{pas} = \frac{P_{i_{max}}}{n}$ qui est l'énergie demandée répartie sur le nombre des agents existants dans son annuaire n.

Dans ce cas, le message envoyé par un agent permanent (a_d) aux autres agents (A) peut être le suivant :

$$\texttt{request}(a_d,\ A,\ \texttt{"reactive"},\ t,\ t+3\tau,\ P_{i_{max}},\ P_{pas})$$

De plus, cet agent envoie une demande au niveau de mécanisme d'anticipation pour qu'il recalcule un nouveau plan en prenant en compte de la présence de ce service.

Si un service est mis en route et qu'à un moment donné il n'a plus d'énergie disponible et que le niveau de satisfaction critique de l'agent associé va être atteint, l'agent procède au même raisonnement que celui présenté ci-dessus. Il demande aux autres agents une quantité d'énergie pendant un intervalle de temps dans le but d'augmenter son niveau de satisfaction au dessus de la satisfaction critique.

Réponse à un message : service permanent

Dans le contexte réactif, un des rôles des agents est de réagir aux actions et notamment de répondre aux demandes des autres agents. Quand un agent permanent a reçoit un message de n'importe quel agent a_d demandant de la puissance P pour un intervalle de temps $[t_s, t_f]$, l'agent a vérifie la possibilité de réduire sa consommation ou d'augmenter sa production pour l'intervalle demandé.

L'agent permanent a essaie de modifier sa consommation/production d'énergie sur tout l'intervalle de temps demandé $[t_s, t_f]$ d'un pas de puissance P_{pas}. Ensuite, il calcule les nouvelles consignes correspondant à ce nouveau profil de puissance[1] $\Pi(p(t)); t \in [t_s, t_f]$ en utilisant son modèle comportemental dynamique continu. Il calcule son niveau de satisfaction résultant qui est égal à la plus petite des satisfactions (σ_{min}) sur tout l'intervalle de temps demandé $[t_s, t_f]$. Si cette valeur de satisfaction est supérieure à la valeur de satisfaction critique, l'agent a fait une proposition à l'agent a_d : une proposition composée de P_{pas} et de σ_{min}. Il recommence à nouveau en modifiant sa consommation/production d'une valeur multiple de P_{pas} jusqu'à ce que son niveau de satisfaction soit inférieur à la valeur de satisfaction critique ou la puissance proposée soit supérieure à celle demandée.

Ce mécanisme peut être résumé par l'algorithme ALG. 4.

Dans ce cas, le message envoyé en retour par l'agent permanent a à l'agent a_d, qui avait demandé d'énergie, peut être le suivant :

$$\texttt{propose}(a,\ a_d,\ \texttt{"reactive"},\ \mathit{propositions})$$

où `propositions` est un ensemble de propositions où chaque d'entre elles est composée d'une valeur de puissance et d'une satisfaction.

Quand l'agent a reçoit une acceptation pour une de ses propositions de la part de l'agent a_d, il modifie son profil de puissance.

---

1. un profil de puissance : $\Pi = (P_{i,k}, \ldots, P_{i,k+l})$ où $P_{i,m} \neq 0$ représente la puissance consumée/produite du service pendant la période allant de k à $k + l$. l représente l'horizon de temps sur lequel on traite le problème d'affectation d'énergie (se référer au paragraphe §4.4).

---

a_d : **agent** ; *[l'agent demandeur]*
a : **agent** ; *[l'agent qui propose]*
$[t_s, t_f]$: **intervalle de temps** ; *[intervalle de temps demandé]*
P : **puissance** ; *[puissance demandée]*
P_{pas} : **pas de puissance** ;
propositions $\leftarrow \emptyset$: **liste de propositions** ;
$\Pi(p(t)); t \in [t_s, t_f]$: **profil énergétique** ;
$x \leftarrow 1$;
Tant que $((x * P_{pas} < P))$ **faire**
$\quad$ | $\Pi(p(t)) \leftarrow \Pi(p(t) - x * P_{pas})$; $t \in [t_s, t_f]$;
$\quad$ | calcul de nouvelles consignes correspondant à $\Pi(p(t))$;
$\quad$ | calcul de σ_{min} pour les nouvelles consignes ;
$\quad$ | **Si** $(\sigma_{min} > \sigma_{critique})$ **Alors**
$\quad$ | $\quad$ | ajout de $(x * P_{pas}, \sigma_{min})$ à *propositions* ;
$\quad$ | $\quad$ | $x \leftarrow x + 1$;
$\quad$ | **Sinon**
$\quad$ | $\quad$ | break ;
$\quad$ | **Fin Si**
Fin Tq
Si (*propositions* $\neq$ nul)) **Alors**
$\quad$ | calcul de σ pour une proposition de 0 watt ;
$\quad$ | ajout de $(0, \sigma)$ à *propositions* ; *[la satisfaction courante]*
Fin Si

ALG. 4: Mécanisme de réponse d'un agent permanent à une demande d'énergie.

Le fait d'envoyer une proposition de 0 *watts* permet à l'agent a_d de calculer la satisfaction moyenne pour qu'il essaie d'atteindre cette satisfaction. Par contre, les agents, qui sont non modifiables, ne proposent rien, leur satisfactions ne sont donc pas incluses pour calculer la satisfaction moyenne.

Exemple de réponse d'un agent permanent à une demande d'énergie : un radiateur

Considérons le système présenté précédemment, supposons que tous les services ont déjà été planifiés au niveau de mécanisme anticipatif. Supposons qu'un agent (celui lié au chauffe-eau) a_d demande de l'énergie $P = 1000W$ multiple de $P_{pas} = 250W$ sur l'intervalle [19, 29]. Quand l'agent lié au radiateur reçoit la demande de l'agent lié au chauffe-eau, il vérifie s'il peut diminuer sa consommation. L'agent lié au radiateur procède au raisonnement suivant : à chaque itération, il diminue son profil énergétique d'un pas de puissance,

puis il calcule le profil de températures équivalent en utilisant le modèle de
changement de température (se référer au paragraphe §4.2.1). A partir de ce
profil de températures, il calcule la valeur de la fonction de satisfaction la plus
petite (figure 5.8).

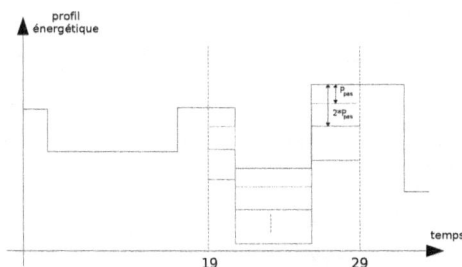

FIGURE 5.6 – *Un exemple d'un profil de puissance d'un radiateur.*

Supposons que le profil de puissance de la consommation de radiateur soit
illustré par la figure 5.6, nous remarquons que, quand l'agent lié au radiateur
diminue son profil énergétique, plus que deux pas de puissance sur tout l'intervalle $[19, 29]$, la courbe de températures diminue en dessous de la température
critique (figure 5.7).

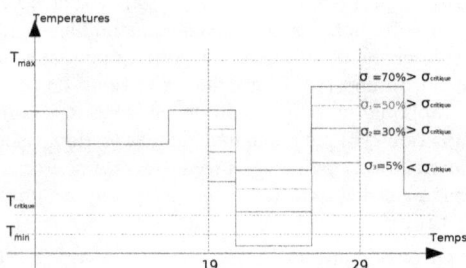

FIGURE 5.7 – *Un exemple d'une courbe de températures d'un radiateur.*

L'agent permanent lié au radiateur n'envoie que trois propositions
$\{(0, 70), (250, 50), (500, 30)\}$ où la première proposition représente une proposition nulle pour préciser la satisfaction courante du radiateur.

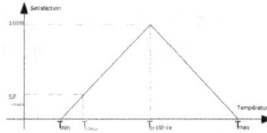

FIGURE 5.8 – *Un exemple d'une fonction de satisfaction de températures d'un radiateur.*

Le message envoyé de l'agent lié au radiateur à l'agent lié au chauffe-eau peut être le suivant :

```
propose(agent-radiateur, agent-chauffe-eau, "reactive", 0 70 250
                50 500 30)
```

Exemple de réponse d'un agent permanent à une demande d'énergie : une source électrique

Considérons le système présenté précédemment, supposons que tous les services ont déjà été planifiés au niveau du mécanisme anticipatif. Supposons qu'un agent (celui lié au chauffe-eau) a_d demande de l'énergie $P = 1000W$ multiple de $P_{pas} = 250W$ sur l'intervalle $[19, 29]$. Quand l'agent lié à la source d'énergie reçoit la demande de l'agent lié au chauffe-eau, il vérifie s'il peut augmenter sa production.

Supposons que le profil énergétique de la source d'énergie électrique soit illustré par la figure 5.10, nous remarquons que quand l'agent lié à cette source augmente son profil énergétique plus qu'un pas de puissance sur tout l'intervalle $[19, 29]$, la courbe dépasse la production critique de la source d'énergie électrique. Cela implique que son niveau de satisfaction baisse en dessous de la valeur de satisfaction critique parce que la fonction de satisfaction est inversement proportionnelle à la puissance produite de la source d'énergie (figure 5.9). L'agent permanent de la source d'énergie électrique n'envoie qu'une seule proposition de $250W$.

Le message envoyé de l'agent lié à la source d'énergie électrique à l'agent lié au chauffe-eau peut être le suivant :

```
propose(agent-radiateur, agent-chauffe-eau, "reactive", 0 70 250
                30)
```

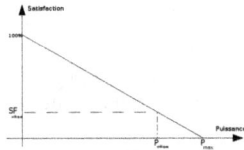

FIGURE 5.9 – Un exemple d'une fonction de satisfaction d'une source d'énergie électrique.

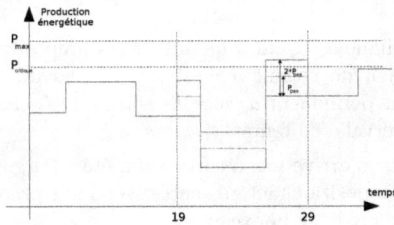

FIGURE 5.10 – Un exemple d'un profil de puissance d'une source d'énergie électrique.

Analyse de message : service permanent

Supposons qu'un agent a_d lié au service permanent SRV_i ait déjà envoyé un appel d'urgence pour une puissance P_i et pour une durée correspondant à l'intervalle de temps $[t_s, t_f]$. Les réponses sont attendues jusqu'à un délai de garde, les réponses reçues en dehors de ce délai sont ignorées.

Quand cet agent a_d reçoit des propositions des autres agents pour sa demande dans un délai prédéfini :

— il classe les propositions selon leurs puissances croissantes. Cela permet de répartir la puissance demandée sur tous les agents et de ne pas diminuer les satisfactions d'agents ;

— il vérifie si les puissances proposées sont suffisantes en parcourant les propositions reçues sachant qu'il n'en accepte qu'une par agent. Cela permet de ne pas trop pénaliser un autre service ;

— si l'agent arrive à atteindre une satisfaction supérieure à la valeur de la satisfaction critique, il envoie des messages d'acceptation aux agents concernés, sinon, il leur redemande de nouveau de lui envoyer des propositions plus intéressantes.

L'agent permanent a l'objectif de se satisfaire sans trop pénaliser les autres agents : il n'essaie pas d'atteindre une satisfaction de 100% mais il essaie d'atteindre une satisfaction autour de la satisfaction moyenne.

Ce mécanisme peut être résumé par l'algorithme ALG. 5.

Si la demande de l'agent a_d est satisfaite, le message envoyé en retour par l'agent permanent a_d à l'agent a peut être le message suivant :

$$\texttt{accept}(a_d,\ a,\ \texttt{"reactive"},\ \texttt{proposition})$$

Ce message indique à l'agent a qu'une de ses propositions a été acceptée. Si aucune proposition de l'agent a n'est retenue, aucun message ne lui est envoyé. Puis, l'agent permanent a_d modifie son profil énergétique $\Pi(p(t)); t \in [t_s, t_f]$ sur tout l'intervalle de temps $[t_s, t_f]$.

Quand un agent n'arrive pas à sortir d'un état d'urgence parce qu'il n'a pas reçu assez des propositions intéressantes lors d'une première demande, cet agent redemande de l'aide de nouveau :

$$\texttt{request}(a_d,\ A,\ \texttt{"reactive"},\ t_s,\ t_f,\ P_i,\ P_{pas})$$

Ce deuxième envoi consécutive de la demande de l'énergie implique que chaque agent baisse la satisfaction critique de la façon décrite précédemment (§5.2.2) pour que les agents fassent plus de propositions, ce qui permet de recevoir plus de propositions afin de sortir de cet état d'urgence.

Parce que le mécanisme réactif a pour objectif de réagir à des événements non prévus qui se déroulent en **temps réel**, si les réponses reçues ne sont

a_d : **agent** ; *[l'agent demandeur]*
a : **agent** ; *[l'agent qui propose]*
proposition : **Proposition** ; *[p, σ]*
propositions : **liste de propositions reçues** ;
acceptations ← ∅ : **liste de propositions acceptées** ;
agents ← ∅ : **liste des agents** ;
[liste des agents dont certaines propositions sont acceptées]
$\Pi(p(t)); t \in [t_s, t_f]$: **profil de puissance** ;
classification de *propositions* selon leurs puissances croissantes ;
calcul de $\sigma_{moyenne}$ des propositions de 0 watts ;
σ ← la satisfaction courante de l'agent a_d ;
Pour *proposition* ∈ *propositions* & $\sigma < \sigma_{moyenne}$ **faire**
  | **Require** : a ← *proposition.agent* ; *[celui qui a proposé proposition]*
  | $\Pi(p(t)); \leftarrow \Pi(p(t) + p_{pro}); t \in [t_s, t_f]$;
  | ajout de *proposition* à *acceptations* ;
  | **Si** ($a \in$ *agents*) **Alors**
  | | *proposition* ← l'ancienne proposition de l'agent a existant dans *acceptations* ;
  | | retrait de *proposition* de liste *acceptations* ;
  | | $\Pi(p(t)); \leftarrow \Pi(p(t) - p_{proposition}); t \in [t_s, t_f]$;
  | **Fin Si**
  | calcul de nouvelles consignes de correspondant à $\Pi(p(t)); t \in [t_s, t_f]$;
  | $\sigma \leftarrow \sigma_{min}$;
Fin Pour
Si ($\sigma \geq \sigma_{critique}$) **Alors**
  | envoi de messages aux agents ∈ *acceptations* ;
Sinon
  | demande d'appel d'urgence de nouveau ;
Fin Si

ALG. 5: Mécanisme d'analyse des propositions reçues d'un agent permanent.

encore pas suffisantes après la deuxième demande, un appel est fait auprès de l'usager car les contraintes ne peuvent pas être respectées.

Un seul agent peut lancer un appel d'urgence à la fois parce que s'il y en a plusieurs, cela conduit à des conflits entre propositions. Supposons que l'agent a_1 et l'agent a_2 fassent un appel d'urgence en même temps :

— si un agent a fait les mêmes propositions aux deux agents et si les deux agents les acceptent, il y a un conflit ;

— si un agent a envoie des propositions uniquement à l'agent a_1 et si l'agent a_1 ne les accepte pas, l'agent a_2 n'a reçu aucune proposition de la part de l'agent a alors qu'il avait la possibilité d'en recevoir.

Quand un agent a_d lance un appel d'urgence, un verrou est créé : un temps prédéfini est nécessaire pour que l'agent demandeur a_d puisse recevoir les propositions et les analyser. Cela interdit plusieurs appels à la fois. Cela présente l'inconvénient du mécanisme réactif et surtout parce que ce mécanisme est censé de réagir en temps réel à des situations d'urgence.

Il ne peut pas y avoir de problème d'inter-blocage entre agents parce qu'une des conditions d'inter-blocage n'est pas vérifiée : les réponses sont attendues jusqu'à un délai prédéfini, les réponses reçues en dehors de ce délai sont ignorées.

Exemple d'analyse des propositions par un agent permanent

Considérons le système présenté précédemment. Supposons que l'agent lié au radiateur ait demandé de lui fournir d'énergie pour une puissance $P_{i_1} = 1200W$ multiple de $P_{pas} = \frac{1200}{4}$ pour une durée correspondant à un intervalle de temps $[19, 29]$.

Supposons que l'agent lié au radiateur ait reçu des propositions de l'agent lié à la source d'énergie électrique, de l'agent lié au chauffe-eau et de l'agent lié au four.

```
propose(agent-source, agent-radiateur, "reactive", 0 80 300
50)
```

L'agent lié à la source d'énergie électrique envoie une seule proposition pour l'intervalle demandé $[19, 29]$. Il peut libérer 300W mais son niveau de satisfaction sera à 50% sinon, il est satisfait à 80%.

```
propose(agent-four, agent-radiateur, "reactive", 0 90 400
40)
```

L'agent lié au four envoie aussi une seule proposition pour l'intervalle demandé $[19, 29]$. Il peut libérer 400W mais son niveau de satisfaction sera à 40% sinon, il est satisfait à 90%.

```
propose(agent-chauffe-eau, agent-radiateur, "reactive", 0
100 300 60)
```

L'agent lié au chauffe-eau envoie une proposition pour l'intervalle demandé $[19, 29]$. Il peut libérer 300W mais son niveau de satisfaction sera à 60% sinon, il est satisfait à 100%.

Quand l'agent lié au radiateur reçoit ces réponses, il les classe selon leurs puissances croissantes (table 5.3 ; E : agent-source, C : agent-chauffe-eau et F : agent-four)

Agent	C	E	F
Puissance	300	300	400
Satisfaction	60%	50%	40%

TABLE 5.3 – Propositions d'agents à la demande de l'agent de radiateur.

En appliquant le mécanisme présenté précédemment (ALG. 5), l'agent lié au radiateur choisit les propositions de l'agent lié à la source d'énergie électrique, au four et au chauffe-eau. Nous remarquons que la puissance des propositions reçues ($300W + 300W + 400W$) est inférieure à celle demandée ($1200W$) mais cela lui permet d'augmenter son niveau de satisfaction (par exemple à 70%) au dessus de la valeur de la satisfaction critique.

Il envoie des messages d'acceptation aux agents concernés :

accept(agent-lave-linge, agent-chauffe-eau, "reactive", 300 80)

accept(agent-lave-linge, agent-radiateur, "reactive", 300 70)

accept(agent-lave-linge, agent-source, "reactive", 600 70)

Nous remarquons que les propositions n'étaient pas suffisantes pour atteindre la satisfaction moyenne $\sigma_{moyenne} = \frac{80+90+100}{3} = 90\%$ mais elles étaient suffisantes pour sortir de l'état d'urgence.

Nous introduisons au paragraphe suivant le protocole de négociation qui caractérise les messages envoyés entre les agents.

5.3 Protocole de négociation

Un langage de communication entre agents permet de coordonner des agents dans le but d'échanger des informations et des connaissances. Ce qui distingue les ACLs (*Agent Communication Language*) des autres langages d'interactions en informatique, c'est le fait qu'ils permettent une communication entre différentes entités complexes (des entités d'IA) du système et qu'ils possèdent une sémantique. Les ACLs composent avec des propositions, des règles, et des actions, au lieu de simples objets sans aucune sémantique : un message d'un ACL décrit l'état voulu d'un agent dans un langage déclaratif. L'objectif d'ACL était de développer des techniques, des méthodes, des outils logiciels pour le partage des connaissances et leur réutilisation dans des systèmes d'information autonomes.

5.3.1   Communications entre agents

Une des façons classiques de communiquer entre agents, est l'envoi de messages. Les messages échangés respectent un protocole spécifique aux communications SMA. La FIPA (Foundation for Intelligent Physical Agents) a spécifié le langage inter-agent FIPA ACL ([FIPA (2003b)], [FIPA (2003a)]). La FIPA est un language standard de communication d'agents. Plusieurs plates-formes connues utilisent le langage FIPA, citons : Jade [jad], The Spyse agent platform [spy] et JACK [jac]. Les échanges prennent la forme de « frames » composées d'un performatif suivi d'attributs et de valeurs associées.

Pour cela, nous n'avons besoin que de quelques « méta-caractères » :
— "()" pour la capture des groupes ;
— "." pour remplacer n'importe quel caractère ;
— "*" pour remplacer une chaîne de 0, 1 ou plusieurs caractères.

Une frame d'un message peut être définir comme la suite :

("(.*) :sender (.*) :receiver (.*) :content (.*)")

Cette frame se compose de quatre groupes :
— groupe (1), le performatif ;
— groupe (2), le nom de l'expéditeur ;
— groupe (3), le nom du destinataire ;
— groupe (4), le contenu.

Les trois premiers groupes sont standardisés dans les Systèmes Multi-Agents (action, expéditeur et destinataire). Par contre, le groupe « contenu » n'est pas standardisé, il varie de système à un autre dépendant de la nature de système.

Les protocoles de communication entre agents ont ainsi été créés pour régler les interactions entre agents artificiels utilisant les langages KQML et FIPA ACL. Les spécifications de FIPA ACL incluent une description d'un ensemble de protocoles d'interaction entre agents comme le très populaire *Contract Net Protocol* ([Smith (1980)],[Yang *et al.* (1998)]). D'autres protocoles, comme les protocoles de vente aux enchères ou encore de négociation, complètent les spécifications [Mathieu et Verrons (2004)].

Concernant le système MAHAS, le protocole de négociation a été défini sur la base du Contract Net Protocol(CNP) ([Smith (1980)],[Yang *et al.* (1998)]), qui est un des premiers protocoles de communication de haut niveau pour la résolution de problèmes distribués qui modélise un appel d'offre, et sur les travaux de la négociation de contrats de [Mathieu et Verrons (2004)]. Bien entendu, la négociation se construit en fonction du niveau de satisfaction des agents.

Le protocole de négociation (FIG. 5.11) se décompose en trois grandes phases dont les principes sont les suivants :
— *phase de demande d'énergie* : pendant cette phase, un agent demande aux autres agents une aide pour qu'il puisse augmenter son niveau de satisfaction ;
— *phase de proposition* : les agents font des propositions correspondant à la demande d'un agent et ils les lui envoient ;
— *phase de décision* : l'agent, qui avait demandé de l'aide, analyse les propositions et peut soit les accepter, soit les refuser. En cas d'insuffisance des propositions, une nouvelle phase de demande d'énergie peut être déclenchée.

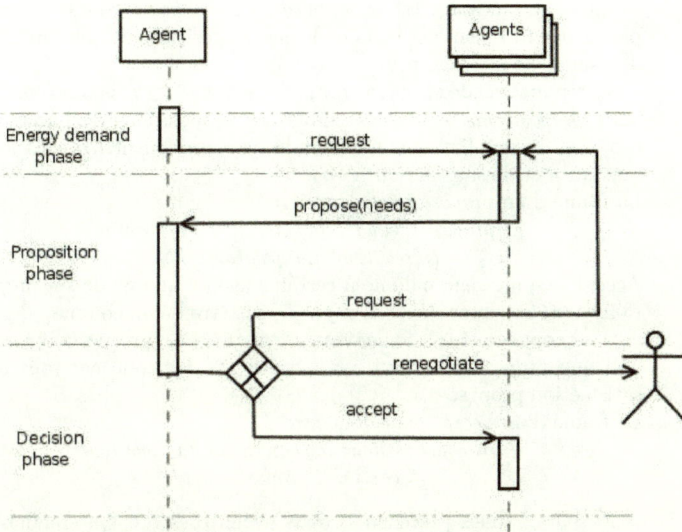

FIGURE 5.11 – *Protocole de négociation des agents : mécanisme réactif.*

Un certain nombre de performatifs permettent de déterminer des actes de communication. Dans le mécanisme réactif, il y en a trois : *request, propose* et *accept.*

Primitives de négociation

Les primitives de négociation du mécanisme réactif sont :
— Request : ce message initie une négociation et est envoyé quand une situation d'urgence est détectée. Un agent envoie ce message aux autres

agents quand son niveau de satisfaction tombe en dessous du niveau de satisfaction critique ou quand il veut démarrer alors que cela n'a pas été planifié au niveau du mécanisme anticipatif. Un *request* peut être défini comme :

```
request(sender, receiver, "reactive", interval,
        asked-energy-value, energy-step).
```

« *asked-energy-value* » est la valeur de l'énergie demandée de multiple de « *energy-step* » durant l'intervalle de temps « *interval* ».

La frame d'un *request* peut donc être :

("(request) :sender (a_d) :receiver (a) :content (["reactive"] [interval] [asked-energy-value] [energy-step])")

— Propose : ce message est la réponse au message « *request* » envoyé par un agent. Il contient l'ensemble des propositions durant l'intervalle demandé. Ce message peut être défini comme :

```
propose(sender, receiver, "reactive", propositions)
```

où « *propositions* » est l'ensemble des propositions de l'agent, qui propose, durant l'intervalle demandé, ils contiennent des couples de puissance et de satisfaction (P, σ).

La frame d'un *propose* peut donc être :

("(propose) :sender (a) :receiver (a_d) :content (["reactive"][propositions])")

— Accept : ce message indique à certains agents qu'une de ses propositions a été acceptée. Un « *Accept* » peut être défini comme :

```
accept(sender, receiver, "reactive", proposition)
```

Tell que *proposition* (P, σ) est la valeur de l'énergie acceptée et sa satisfaction proposées.

La frame d'un *accept* peut donc être :

("(accept) :sender (a_d) :receiver (a) :content (["reactive"][proposition])")

Dans les paragraphes précédents, nous avons présenté l'interaction des agents, ce qui se traduit par des échanges de messages : envoi/réception de messages. Nous avons aussi introduit le protocole de négociation entre agents caractérisant ces envois des messages. Nous présentons dans le paragraphe suivant un exemple dans le but de comparer l'efficacité du mécanisme réactif proposé par rapport à un système de délestage classique.

5.4 Comparaison entre un système de délestage classique et le mécanisme réactif proposé

Pour montrer l'avantage du mécanisme réactif, on le compare avec un système traditionnel utilisé dans certains habitats (§5.1).

Considérons un système qui est composé de 4 radiateurs installés dans
4 pièces : salon, bureau, chambre à coucher et cuisine, d'un lave-linge, d'un
fer à repasser, d'un four et d'un chauffe-eau. Ce système est pourvu d'une
source d'énergie électrique de 2.6kw. Les types de services disponibles dans cet
appartement sont donnés dans le tableau 5.4.

Équipement	Puissance max	Type de service	Nom de service
Radiateur du salon	600W	Service permanent	chauffage-salon
Radiateur du bureau	500W	Service permanent	chauffage-bureau
Radiateur de la cuisine	500W	Service permanent	chauffage-cuisine
Radiateur de la chambre	500W	Service permanent	chauffage-chambre
Lave-linge	700W	Service temporaire	lavage
Four	700W	Service temporaire	cuisson
Fer à repasser	900W	Service temporaire	repassage
Chauffe-eau	500W	Service permanent	chauffage-eau

TABLE 5.4 – Liste des équipements et service dans l'appartement considéré.

Le modèle thermique d'une pièce est donné par un modèle de comportement dynamique continu présenté dans le chapitre précédent (§4). La formulation de ce modèle est la suivante :

$$\frac{dT}{dt} = -\frac{1}{\tau}T + \frac{K}{\tau}P + \frac{1}{\tau}T_{out}$$

Les variables caractéristiques de ce modèle sont :
— $K = 0.04$: la conductivité thermique liée à la pièce ;
— $\tau = 1000ms$: constante de temps ($t = 3\tau$ temps de réponse) ;
— $t_d = 1minute$: période d'échantillonnage ;
— $T_{min} = 18°C$: température minimale ;
— $T_{max} = 22°C$: température maximale ;
— $T_{out} = 10°C$: température à l'extérieure ;

Les paramètres caractéristiques des services temporaires sont données par
le tableau 5.5.

Service	Temps de début (ST_i)	Temps de fin (ET_i)
Lavage	0	900 sec
Repassage	100 sec	300 sec
Cuisson	450 sec	700 sec

TABLE 5.5 – Paramètres caractéristiques des services temporaires.

Soit un système de délestage (figure 5.12) qui gère les équipements présentés précédemment. Ce système fonctionne selon trois seuils de puissance liés à trois voies. Une priorité est définie aux équipements connectés à ce système selon le désir de l'utilisateur. Le radiateur de la cuisine est branché sur la première voie, les deux radiateurs des chambres sont branchés sur la deuxième voie et le radiateur du salon est branché sur la troisième voie. Les autres équipements, qui n'y sont pas connectés, sont alimentés directement de la source d'énergie.

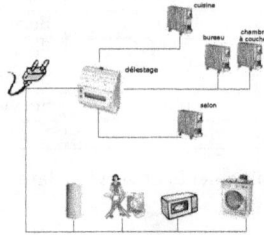

FIGURE 5.12 – *Un exemple d'un système de délestage traditionnel.*

La figure 5.13 montre la consommation lorsque les ressource énergétiques sont suffisantes. Le four et le fer à repasser ne sont pas encore mis en service.

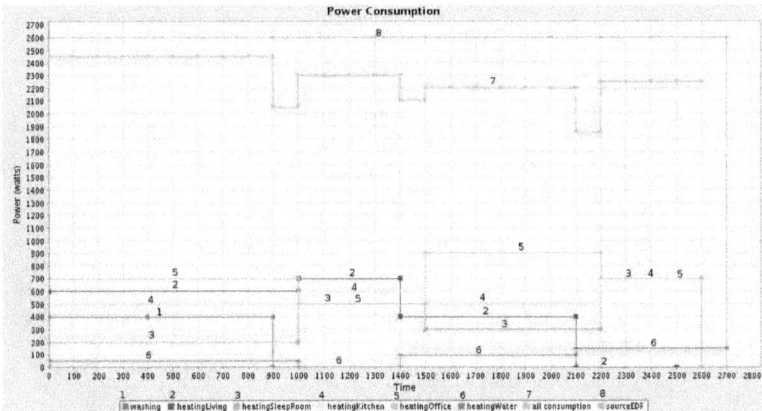

FIGURE 5.13 – *Consommation des équipements : énergie suffisante.*

Or, quand l'utilisateur branche le fer à repasser et le four, la consommation des équipements dépasse la capacité de production de la source d'énergie comme cela est illustré dans la figure 5.14 où la consommation dépasse la capacité de production deux fois. Le relais de délestage coupe le radiateur de la cuisine lors du premier dépassement d'abonnement car il n'y a plus d'énergie disponible pour le fer à repasser et car le fer à repasser a une priorité plus élevée que le radiateur de la cuisine. Quand le fer à repasser sera débranché, le radiateur de la cuisine sera remis en service.

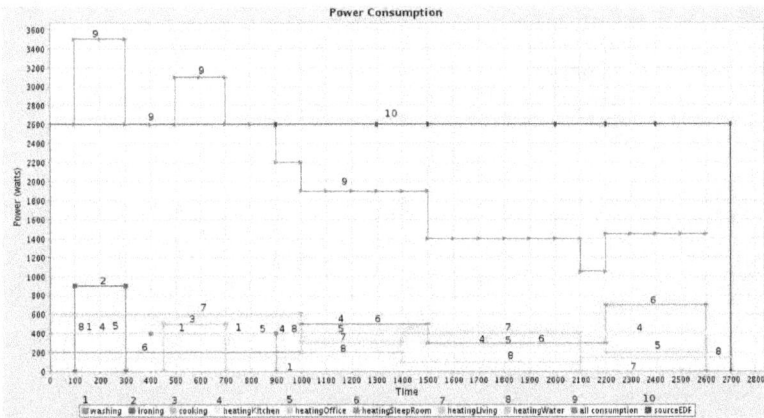

FIGURE 5.14 – *Simulation de consommation des équipements : énergie non suffisante.*

Supposons que l'utilisateur branche le four, les deux seuils sont dépassés et les trois radiateurs sont arrêtés (figure 5.15).

Quand le fer à repasser et le four auront fini leur tâches, les radiateurs seront remis en service mais leurs températures baissent et ils ont besoin de plus de temps pour remonter leurs températures. Par exemple, à cause de l'arrêt complet des radiateurs du bureau lors du démarrage du fer à repasser et du four, les températures de trois radiateurs baissent de 21°C à 19°C (figure 5.16) : la baisse de température dépend de la durée d'interruption du radiateur.

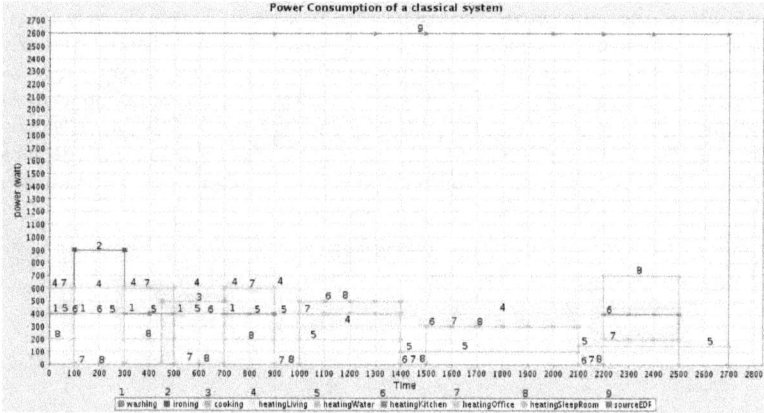

FIGURE 5.15 – *Consommation des équipements : système de délestage classique.*

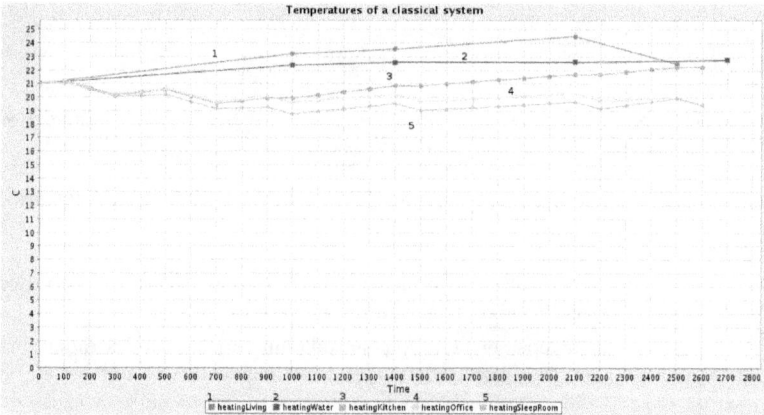

FIGURE 5.16 – *Températures des radiateurs : système de délestage classique.*

Par contre, au niveau du mécanisme réactif, les agents s'organisent et coopèrent pour que le fer à repasser puisse démarrer sans trop pénaliser les autres services. Supposons que l'utilisateur mette le fer à repasser en route, l'agent du service repassage demande aux autres de lui fournir de l'énergie. Il envoie des messages aux agents existants dans le système en leur demandant d'énergie de $P_{repassage} = 900W$ multiple de $P_{pas} = \frac{900}{10} = 100W$ réparties sur le nombre d'agents $n = 10$ pour une durée correspondant à l'intervalle $[100, 300]$. Il leur envoie les messages suivants :

```
request:sender agent-fer:receiver agent-lave-linge:content
reactive 100 300 900 100
```

```
request:sender agent-fer:receiver agent-four:content reactive
100 300 900 100
```

```
request:sender agent-fer:receiver agent-radiateur-salon:content
reactive 100 300 900 100
```

```
request:sender agent-fer:receiver agent-radiateur-coucher:content
reactive 100 300 900 100
```

```
request:sender agent-fer:receiver agent-radiateur-cuisine:content
reactive 100 300 900 100
```

```
request:sender agent-fer:receiver agent-radiateur-bureau:content
reactive 100 300 900 100
```

```
request:sender agent-fer:receiver agent-chauffe-eau:content
reactive 100 300 900 100
```

```
request:sender agent-fer:receiver agent-source:content reactive
100 300 900 100
```

Les agents répondent en envoyant des propositions qui contiennent des couples de puissance et de satisfaction (P, σ). La première proposition $(0, \sigma_{i_0})$ représente une proposition nulle où σ_{i_0} est le niveau de satisfaction actuel de l'agent sans aider les autres.

```
propose:sender agent-radiateur-salon:receiver agent-fer:content
reactive 0 75 100 68 200 61 300 54 400 47 500 40
```

Par exemple, l'agent lié au radiateur du salon envoie six propositions qui contiennent des couples de puissance et satisfaction (P, σ) : $\{(0, 75), (100, 68), (200, 61)(300, 54)(400, 47)(500, 40)\}$. La première proposition $(0, 75)$ représente le niveau de satisfaction actuel de l'agent sans aider les autres.

```
propose:sender agent-radiateur-coucher:receiver
agent-fer:content reactive 0 44 100 37
```

```
propose:sender agent-radiateur-cuisine:receiver
agent-fer:content reactive 0 67 100 60 200 53 300 46 400 39
```

```
propose:sender agent-radiateur-bureau:receiver agent-fer:content
reactive 0 83 100 76 200 69 300 62 400 55 500 47 600 40
```

Quand l'agent lié au service repassage reçoit toutes les propositions, il les analyse (§5.2.3), il choisit quatre propositions de quatre agents. L'agent lié au service repassage envoie en retour quatre messages d'acceptation aux agents liés aux radiateurs.

```
accept:sender agent-fer:receiver agent-radiateur-coucher:content
reactive 100 300 100 37

accept:sender agent-fer:receiver agent-radiateur-bureau:content
reactive 100 300 200 69

accept:sender agent-fer:receiver agent-radiateur-cuisine:content
reactive 100 300 300 46

accept:sender agent-fer:receiver agent-radiateur-salon:content
reactive 100 300 300 54
```

Par exemple, l'agent lié au service repassage envoie en retour un message
d'acceptation à l'agent lié au radiateur de la chambre à coucher. Ce message
indique à l'agent lié au radiateur du salon a que la proposition $(100, 37)$ a été
acceptée.

Quand le four est mis en route, l'agent lié au four fait la même demande
aux autres agents. Des messages sont échangés entre les agents où l'agent lié
au lave-linge interrompt son service pour libérer de l'énergie au four.

Les radiateurs baissent leur consommation au lieu de l'arrêter complètement et certains équipements (le lave-linge dans cet exemple) retardent leur
service sans trop déranger l'usager. Dans le figure 5.17, nous remarquons qu'au
niveau de la satisfaction moyenne, il y a un gain de 8%, ce gain dépend du
nombre de démarrages des équipements et de la durée des services.

Dans cet exemple, la satisfaction critique s'est ajustée de 25% à 15% à
cause des demandes de l'agent lié au fer à repasser et de l'agent lié au four.

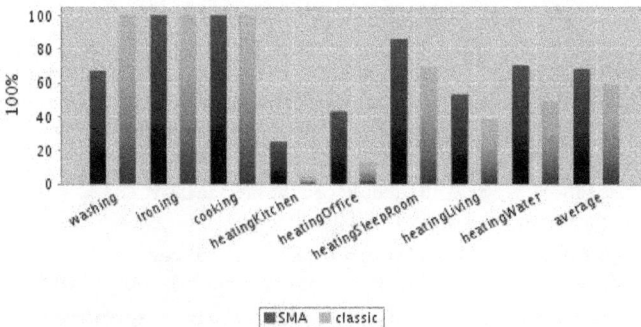

FIGURE 5.17 – *Satisfaction des agents pour l'exemple simulé.*

5.5   Conclusion

Dans ce chapitre, nous avons décrit le mécanisme réactif permettant de réagir à des événements imprévus et d'éviter l'interruption totale de services en respectant les contraintes énergétiques.

Nous avons rappelé les principes du système de délestage classique dans l'habitat dans le but de le comparer avec le mécanisme réactif. Nous avons remarqué que le délestage intelligent réalisé par les agents permet de garantir un bon niveau de satisfaction auprès des utilisateurs en ajustant l'affectation d'énergie et en s'appuyant sur les flexibilités des équipements.

Le mécanisme réactif est suffisant pour éviter la violation de contraintes mais un système domotique multi-agents peut être amélioré afin d'éviter des situations d'urgence où il faut faire appel au mécanisme réactif. Cette amélioration peut être obtenue par le mécanisme anticipatif. L'objectif de ce mécanisme est de calculer à l'avance les consignes suivant un plan prédit en fonction des prédictions de consommation et des prédictions de production d'énergie. A partir de ces constatations préliminaires, il est possible d'imaginer que si la consommation de l'ensemble des équipements peut être prévue, il existe alors un moyen de mieux l'organiser en anticipant les besoins énergétiques. Dans le chapitre suivant, nous présentons ce mécanisme anticipatif.

Chapitre 6

MÉCANISME ANTICIPATIF

Ce chapitre présente une méthode de résolution générale pour le mécanisme anticipatif qui calcule un plan d'affectation de l'énergie en tenant compte des prévisions disponibles. Ce mécanisme détermine des consignes moyennes qui sont ajustées en temps réel par le mécanisme réactif.

Dans un premier temps, nous présentons le principe du mécanisme anticipatif en commençant par une analyse de la nature du problème. Ensuite, nous présentons une approche de résolution hybride combinant une méthode à base d'une heuristique et une méthode exacte pour la résolution du problème domotique.

Les premiers travaux sur l'anticipation ont été initiés par des psychologues et des biologistes dans le but d'expliquer les comportements adaptatifs et parfois complexes des animaux. Les psychologues et les biologistes considèrent que l'anticipation est un élément essentiel au raisonnement humain.

Concernant les systèmes physiques, la commande prédictive reste un thème de recherche avancé de l'automatique [Richalet *et al.* (1978)]. Le principe de cette commande est d'anticiper le futur comportement d'un système. Alamir et Chemori (2006) proposent une approche de commande prédictive non linéaire pour un robot marcheur bipède à cinq segments sous actionnés. Leur objectif est de mettre à jour les trajectoires à poursuivre sur les variables complètement commandables. La commande prédictive convient aux systèmes ayant un temps de réponse relativement grand ou une faible complexité. Ce type de commande demande généralement une grosse quantité de calcul.

La notion d'anticipation a été aussi utilisée dans le domaine de l'Intelligence Artificielle dans différents contextes. Dans le domaine des Systèmes Multi-Agents, l'anticipation est utilisée pour la construction de comportements adaptatifs complexes et la planification en environnement dynamique [Fallah-Seghrouchni *et al.* (2004)]. Rosen (1985) a introduit une définition faisant le lien entre les connaissances du futur et la prise de décision à l'instant présent :

« Un système anticipatif est un système qui contient un modèle prédictif de lui même et/ou de son environnement lui permettant de changer son état en fonction des prédictions sur les instants futurs ». L'anticipation peut donc se décomposer en deux grandes phases : une phase de prédiction et une phase d'interprétation des prédictions.

L'anticipation permet à un agent de modifier son comportement courant en fonction de prédictions. Cela consiste pour un agent à vérifier dans quel état il se trouvera et à adapter son comportement en conséquence. Lorsque l'environnement est déterministe[1], il est généralement possible de prédire avec certitude les états futurs. Dans d'autres environnements, la représentation que se construit un agent peut être partielle et il peut exister plusieurs prédictions équiprobables pour un instant futur.

Dans le domaine de la gestion de l'énergie, il y a eu plusieurs études qui ont mis en évidence l'intérêt du décalage de fonctionnement d'équipements de périodes pleines à des périodes creuses pour réduire le coût énergétique. Hartman (1980) suggère de profiter de l'inertie des bâtiments pour décaler une partie de la consommation des systèmes de chauffage et de refroidissement parce que le bâtiment peut profiter de « refroidissements gratuits » la nuit. Dans une certaine mesure, cette énergie peut être stockée dans l'enveloppe du bâtiment et déchargée dans la journée. Le gain économique de cette stratégie peut atteindre de 6% à 18% et varie en fonction des conditions météorologiques et tarifaires [Kintner (1995)].

Dans la littérature, les méthodes d'anticipation pour la gestion de l'énergie traitent souvent un cas particulier ; par exemple, la gestion du système de stockage thermique actifs [Henze *et al.* (2004)].

Ha (2007) propose un système centralisé de gestion de la consommation et de la production d'énergie dans le bâtiment. Le système proposé permet de gérer les différentes activités énergétiques dans l'habitat et de mieux maîtriser la consommation en exploitant les degrés de liberté[2] offerts par l'usager et ceux liés au fonctionnement des équipements.

Ce système, adapté à différentes échelles de temps, se compose de deux mécanismes : un mécanisme de prédiction / ordonnancement prévisionnel et un mécanisme d'ordonnancement en temps réel. Le rôle du mécanisme de prédiction / ordonnancement prévisionnel est de rechercher des ordonnancements à long terme (à l'horizon d'une journée) s'appuyant sur les prévisions de consommation des équipements. Le mécanisme d'ordonnancement temps-réel est un complément au mécanisme de prédiction. Il aide le mécanisme de prédiction à réaliser le plan d'affectation à court terme de l'ordre de la minute.

---

1. L'état futur de l'environnement n'est fixé que par son état courant et les actions d'agents.
2. Les flexibilités de modifier le fonctionnement d'un équipement (par exemple : décalable, interruptible et accumulable).

L'inconvénient de ce système est la centralisation où la construction de plans d'affectation d'énergie se fait en collectant tous les modèles de fonctionnement des équipements et toutes les données nécessaires. Or, pour résoudre le problème, il faut transformer les modèles en un ensemble de contraintes linéaires mixtes comportant des variables continues et des variables linéaires. Cette opération est difficilement automatisable. De ce fait, il est difficile de prendre en compte des services qui n'avait pas été prévus dès la conception du système domotique. Cela restreint les possibilités d'évolution du système domotique. De plus, l'approche centralisée nécessite de connaître tous les modèles de fonctionnement des équipements sachant que les fabriquants ne souhaitent pas nécessairement fournir les leur pour des raisons de concurrence. Cette approche s'adapte donc difficilement aux contextes réels des systèmes domotiques parce que l'approche n'est pas adaptée à des configurations/reconfigurations fréquentes et diverses ; cela ne permet pas d'avoir un système ouvert où des équipements peuvent être ajoutés ou enlevés sans reprendre la configuration du système et sans remettre en cause le fonctionnement global de l'algorithme d'optimisation qui devrait être capable potentiellement d'appréhender tout type de contraintes.

Dans [Conte et Scaradozzi (2003)] et [Conte *et al.* (2003)], un formalisme de système multi-agents pour la maîtrise de l'énergie dans l'habitat a été proposé. Les équipements sont dotés de systèmes de commande individuels. Ce système vise à gérer la consommation d'énergie mais en pénalisant certains équipements selon les priorités des équipements (préférences de l'usager) parce qu'en cas de conflit entre les équipements, le système distribue l'énergie disponible selon les priorités des équipements en se basant sur la règle « les premiers arrivés sont les premiers servis ».

Dans le système MAHAS, le mécanisme anticipatif, présenté dans ce chapitre, planifie l'affectation d'énergie, à long terme, en s'appuyant sur la disponibilité de sources d'énergie et sur la prédiction de l'utilisation d'équipements. Pour cela, ce mécanisme s'appuie sur les flexibilité des services provenant de la possibilité de les décaler (avancer ou retarder) dans le temps ou de la possibilité de modifier les quantités énergétiques consommées/produites. Ce mécanisme anticipatif permet d'avoir un système ouvert où des équipements peuvent être ajoutés ou enlevés sans reprendre de nouveau la configuration du système global grâce à la distribution de la résolution globale.

Dans la suite de ce chapitre, nous présentons une méthode de résolution, distribuée entre les agents, pour le mécanisme anticipatif en commençant par une analyse du problème domotique dans l'habitat.

6.1   Principe du mécanisme anticipatif

Le mécanisme anticipatif joue le rôle de planification et d'affectation des ressources énergétiques. Ce mécanisme, ayant un niveau plus abstrait dans l'architecture du système MAHAS, fonctionne sur de longues périodes de temps (de l'ordre d'une heure) avec des valeurs d'énergie moyennes (figure 6.1) parce qu'il travaille sur des prédictions de fonctionnement d'équipements et de disponibilité de sources d'énergie. Le temps de discrétisation de ce mécanisme est noté Δ_a.

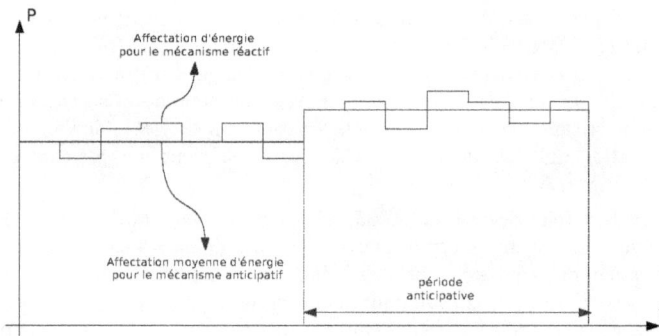

FIGURE 6.1 – *Principe d'affectation d'énergie.*

L'objectif de ce mécanisme est de calculer un « plan prédit global d'énergie » en fonction des prédictions de consommation des équipements et des prédictions de disponibilité des sources d'énergie. La prédiction repose sur des prévisions météorologiques et des programmations de services par l'usager. Il prépare à l'avance un plan de consommation et de production d'énergie pour un horizon temporel en organisant la production et la consommation d'énergie de manière prédictive ou proactive lorsque des événements sont prévus. Le mécanisme d'anticipation sera lancé périodiquement, lorsque le plan courant ne peut plus être appliqué par les agents au niveau du mécanisme réactif ou lorsque de nouvelles prévisions seront disponibles.

Ce mécanisme s'appuie sur le fait qu'il y a, d'une part, certains équipements capables d'emmagasiner de l'énergie sous forme thermique et, d'autre part, certains services qui disposent d'un délai variable quant à leur exécution. A partir de ces constatations préliminaires, il est possible d'imaginer que si la consommation de l'ensemble des équipements peut être prévue, il existe alors un moyen de mieux l'organiser. Par exemple, pour un service de chauffage, il est possible de calculer la durée et la quantité de surchauffe « anticipée » qui permettrait de réduire la consommation pendant une période où l'énergie est indisponible ou restreinte. De même, si un service peut être retardé ou avancé, il y a là encore moyen d'organiser la consommation globale.

La construction d'un plan prédit global d'énergie se base sur le fait que la consommation d'énergie des services ne doit pas dépasser la production d'énergie des sources énergétiques. C'est pour cela que l'agent embarqué de chaque service génère toutes les possibilités de plans locaux (profils de puissance) en s'appuyant sur la flexibilité de son service (se référer au chapitre §4).

Nous rappelons la définition d'un profil de puissance d'un agent : $\Pi = (P_{i,k}, \ldots, P_{i,k+l})$ où $P_{i,m} \neq 0$ représente la puissance consommée du service pendant les périodes allant de k à $k+l$ tandis que l représente l'horizon de temps sur lequel on traite le problème d'affectation d'énergie. Le plan d'affectation d'énergie est généralement calculé sur toute la journée (où les utilisateurs consomment de l'énergie).

La génération des profils de puissance d'un agent temporaire dépend de :
— la durée de service temporaire $\Delta_i = n_i \times \Delta$; $n_i \in \mathbb{N}^*$;
— la date de fin d'exécution souhaitée de service temporaire RET_i (RET : Requested Ending Time) ;
— la flexibilité de service venant la possibilité de le décaler dans le temps : avancer ou retarder le service dans le temps ;
— l'interruption du service temporaire qui peut être liée à chaque étape du service ou au service totale. Chaque étape (j) du service temporaire SRV_i est définie par sa durée Δ_{i_j} et sa puissance P_{i_j}. On dit qu'une étape du service est interruptible si elle peut ne plus consommer ($P_{i_j} = 0$) pour une durée d'interruption minimale $\Delta_{i_j,int_{min}}$ sous la condition qu'on ne l'interrompe pas plus d'une durée d'interruption maximale $\Delta_{i_j,int_{max}}$ et que l'accumulation des durées d'interruption ne dépasse pas $\Delta_{i_j,int_{cum}}$. Un service temporaire n'est pas interruptible si $\Delta_{i_j,int_{max}} = 0$;
— la zone du traitement de problème de l'affectation d'énergie (par exemple : toute la journée).

La génération des profils de puissance d'un agent permanent dépend de :
— la flexibilité de ce service provenant de la possibilité de modifier la variable caractéristique du confort associé au service sur toutes les périodes (par exemple : changer la consigne de la température pour le service chauffage) ;
— le domaine de valeurs de la variable caractéristique (par exemple : un intervalle de température $[19°C, 22°C]$ avec un pas de $0.5°C$ pour la variable caractéristique du service chauffage) ;

— la zone du traitement de problème de l'affectation d'énergie (par exemple : toute la journée).

En suivant une approche exhaustive, les agents permanents et temporaires génèreraient tous les profils de puissance qui ne violent pas leurs contraintes. Pour calculer un plan prédit global, les différentes combinaisons de profils d'énergie devraient être examinées : cela se représente par le développement d'un arbre de recherche. Ce genre de problème demande de grosses ressources de calcul du fait de la nature des systèmes domotiques et surtout de la gestion d'énergie. A cause du nombre de profils de puissance généré par chaque agent et la zone de l'affectation d'énergie, l'arbre de recherche explose lorsque le nombre de service augmente (complexité exponentielle). La complexité de ce problème est *NP - Complet*.

Nous présentons dans les paragraphes suivants une autre manière de résoudre le problème permettant de découper le problème global en sous-problèmes en exploitant la nature du problème de gestion de l'énergie dans l'habitat.

6.1.1 Nature du problème

En analysant la nature des tâches dans l'habitat, il est possible de décomposer le problème global en sous-problèmes du fait que, dans l'habitat, les habitants n'utilisent pas tous leurs équipements tout le temps (figure 6.2) ; par exemple : l'habitant a l'habitude d'utiliser son aspirateur le soir et pas le matin.

FIGURE 6.2 – *Nature des services dans l'habitat.*

Le projet [Sidler] développe une étude expérimentale des appareils électroménagers à haute efficacité énergétique placés en situation réelle dans 98

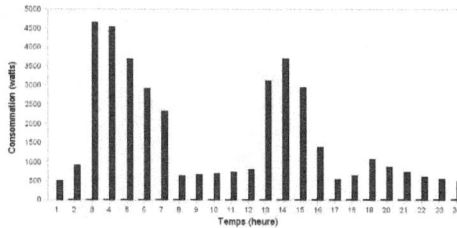

FIGURE 6.3 – *Courbe de charge journalière moyenne de la consommation totale.*

appartements dans plusieurs départements en France. La figure 6.3 illustre la consommation totale de tous les équipements sur une journée complète pour un appartement de 140 m^2 se trouvant à Mercurol [Sidler]. Nous constatons que les habitants de cet appartement n'ont pas de consommation stable permanente sur toute la journée. Par exemple, ils n'utilisent pas leur machine à laver (figure 6.4).

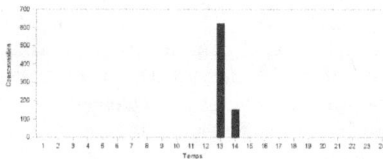

FIGURE 6.4 – *Courbe de charge journalière pour la machine à laver.*

En partant du principe « *diviser pour régner* », le principe de résolution du mécanisme anticipatif est de découper le problème global en sous-problèmes indépendants puis de résoudre chaque sous-problème indépendamment afin de trouver une solution acceptable au problème global.

L'avantage principale de cette méthode est de réduire la complexité du problème global qui dépend alors de la durée du sous-problème et du nombre de services dans chaque sous-problème. Quand le problème global est divisé en sous-problèmes, la complexité du problème divisé est inférieure à celle du problème global parce que, d'une part chaque sous-problème ne contient pas tous les services existants dans l'habitat (par exemple : l'utilisation d'aspirateur), et d'autre part, la durée d'un sous-problème est inférieure ou égale à celle du problème global [Habbas *et al.* (2005)].

Dans les Systèmes Multi-Agents, les agents coopèrent et communiquent pour la résolution d'un problème : la résolution est distribuée. Dans le cas du mécanisme anticipatif, les agents doivent coopérer pour trouver un plan de consommation et de production d'énergie. Ce genre de problème demande de grosses ressources de calcul du fait de la nature des systèmes domotiques et surtout la gestion d'énergie. Pour cela, plusieurs techniques existent :
— soit doter tous les agents de ressources de calcul ;
— soit centraliser la résolution.

Une combinaison entre les deux techniques est faite dans [Jaâfar *et al.* (2004)] proposant une approche d'agents pour le problème de satisfaction de contraintes où les agents se réunissent pour résoudre ce type de problème.

En s'inspirant de ce principe, nous proposons d'ajouter un agent doté de ressources de calcul dont le rôle est de faciliter la construction d'un plan de consommation et de production d'énergie à partir des plans locaux produits indépendamment et envoyés par les agents. Cet agent est appelé « solving agent » et est doté du serveur GLPK. Cela sert à ne pas doter tous les agents de ressources de calcul importantes et surtout à réduire la quantité d'informations échangée entre les agents. Contrairement à une approche centralisée, une approche mixte permet de distribuer la résolution de problème : chaque agent génère indépendamment ses plans locaux en se basant sur ses connaissances tout en laissant confidentiel la connaissance embarquée dans chaque agent puis les agents envoient leurs plans locaux à l'agent solving pour qu'il puisse en produire un plan de consommation et de production en utilisant une méthode de résolution exacte. Par contre, la convergence du comportement de l'ensemble des agents vers un objectif ne conduit généralement qu'à une bonne solution et non pas à une solution optimale comme la plupart des méthodes issues de la recherche opérationnelle.

Sur le marché, plusieurs solveurs existent pour résoudre des problèmes complexes. Parmi les produits commerciaux, on peut citer notamment CPLEX [ILOG (2006)]. Dans le monde des logiciels libres, GLPK[3] est un des outils les plus performants [Makhorin (2006)]. Plusieurs méthodes sont incluses dans GLPK, citons : la **P**rocédure de **S**éparation et d'**E**valuation et la méthode du simplexe révisée. Dans le système MAHAS, l'agent solving est équipé du solveur libre GLPK.

Les **grandes lignes** de la résolution du problème global, expliquées dans les paragraphes suivants, sont décrites dans la **procédure** suivante :

La résolution du problème commence par distribuer de l'énergie aux services, c'est l'objet du paragraphe suivant.

---

3. GNU Linear Programming Kit : un ensemble de routines écrites en C et organisées sous forme d'une bibliothèque permettant de faire des opérations mathématiques sur des grands nombres.

---

distribution d'énergie pour tous les services selon le souhait de l'utilisateur ;
Si (énergie insuffisante pour toutes les périodes) **Alors**
> **détermination** de zones de la violation des contraintes énergétiques (sous-problèmes) ;
> **résolution** de chaque sous-problème indépendamment ;
> union des solutions de sous-problèmes pour obtenir une solution globale ;

Sinon
> une solution satisfaisant l'utilisateur est trouvée ;

Fin Si

6.1.2   Distribution de l'énergie

La recherche d'une solution globale commence en distribuant l'énergie produite par les sources à tous les services (consommateur d'énergie) sur toutes les périodes d'anticipation (la durée du problème global est divisée en périodes d'anticipation) selon le souhait de l'utilisateur.

Les agents temporaires envoient à l'agent solving au maximum n profils de puissance [4] (plans locaux) dont les dates de fin des services temporaires sont fixées à celles préférées par l'utilisateur. Les agents permanents envoient à l'agent solving au maximum n profils de puissance dont les consignes durant les périodes d'anticipation des services permanents sont fixées à celles préférées par l'utilisateur.

Ainsi, les agents des sources d'énergie envoient à l'agent solving des profils de puissance correspondant à leurs prédictions de production d'énergie. Ils peuvent envoyer des profils de puissance nuls correspondant au souhait de l'utilisateur de ne pas dépenser de l'argent.

Quand l'agent solving reçoit tous les profils des agents, il applique une méthode de résolution exacte (la **P**rocédure de **S**éparation et d'**E**valuation [Lawler et Wood (1966)] a été utilisée) pour chercher une solution respectant toutes les contraintes du système. S'il y a de l'énergie en quantité suffisante pour tous les agents sur toutes les périodes, la recherche de solution est arrêtée et une solution respectant le souhait de l'utilisateur est obtenue. Cependant, s'il n'y a pas assez d'énergie, des sous-problèmes seront identifiés (§6.2) puis résolus (§6.3). Ensuite, les solutions des sous-problèmes sont collectées pour fournir une solution globale admissible au problème global.

---

4. un profil de puissance : $\Pi = (P_{i,k}, \ldots, P_{i,k+l})$ où $P_{i,m} \neq 0$ représente la puissance consommée/produite du service pendant la période allant de k à $k + l$. l représente l'horizon temporel sur lequel on traite le problème d'affectation d'énergie.

Le nombre de profils de puissance n envoyés à l'agent solving est un paramètre essentiel dans la résolution du problème. Ce nombre est proportionnel au nombre des agents existants dans le système. Quand ce dernier augmente, il est important de limiter le nombre de profils de puissances envoyés par chaque agent afin d'éviter l'explosion combinatoire.

Dans le paragraphe suivant, nous présentons comment l'horizon d'un sous-problème peut être déterminé.

6.2 Détermination des horizons de sous-problèmes

En analysant la nature des services dans l'habitat, on constate que le problème de gestion d'énergie peut souvent être découpé temporellement en sous-problèmes indépendants. Commençons par définir l'horizon temporel caractérisant un sous-problème, qui est dépendant des plages de services temporaires et des impacts de services permanents.

Dans le cas général, un *horizon temporel* d'un sous-problème est un ensemble des périodes consécutives où les contraintes de production / consommation ne sont pas vérifiées sur au moins une période critique et durant lequel un certain nombre de services peuvent modifier leur comportement pour tenter de lever les périodes critiques. Cet horizon est noté $[ib, sb]$ (borne inférieure, borne supérieure).

6.2.1 Impact d'un service permanent

L'impact d'un service permanent pour un horizon donné est le temps nécessaire à un agent pour atteindre sa satisfaction totale en partant de la satisfaction critique (la satisfaction la plus petite qui est acceptable par les utilisateurs).

Par exemple, supposons qu'un agent lié à un radiateur offre un service « chauffage ». L'impact de ce service est le temps de réponse du radiateur permettant d'atteindre la température ambiante à partir de la température minimale.

6.2.2 Plage d'un service temporaire

La plage d'un service temporaire dépend de la date de fin du service temporaire, de sa durée et de sa propriété d'interruption (sa durée maximale d'interruption et sa durée minimale d'interruption). La borne supérieure de la plage est égale à la date de fin au plus tard du service : $sb = LET(SRV_i)$

parce que le service n'a plus d'influence après la date de fin au plus tard du service $LET(SRV_i)$. La borne inférieure de la plage est égale à la date de fin au plus tôt $(EET(SRV_i))$ moins la durée de l'interruption $(\Delta_{int_{cum}})$ et la durée du service (Δ_i) : $ib_{SRV_i} = EET(SRV_i) - \Delta_i - \Delta_{i,int_{cum}}$. La borne inférieure représente donc la date de début au plus tôt où le service n'est pas encore actif avant cette date.

Le fait de calculer la plage du service temporaire garantit que ce service n'est pas actif en dehors de sa plage et n'a pas d'influence sur les périodes précédentes ou suivantes. C'est pour cela que l'impact du service temporaire est nul. Par exemple, supposons qu'un agent lié à une lampe offre un service « éclairage ». L'impact de ce service est nul parce que le temps nécessaire pour atteindre la satisfaction préférée est instantané, il suffit que la lampe soit mise en service pour atteindre la satisfaction préférée. Ce service n'a donc pas d'influence sur les périodes suivantes.

L'ensemble des plages des services temporaires qui intersecte une période critique est appelé horizon d'un sous-problème temporaire.

Dans le paragraphe suivant, nous introduisons comment déterminer l'horizon d'un sous-problème en fonction des plages des services temporaires et des impacts de services permanents.

6.2.3 Horizon d'un sous-problème

Pour obtenir des sous-problèmes indépendants, il est nécessaire de bien déterminer l'intersection des plages et des impacts de services (figure 6.5).

Le principe de la détermination des sous-problèmes est le suivant (figure 6.5) :

- calcul des plages des services temporaires en fonction de la date de fin au plus tard des services et de la date de début au plus tôt des services :
  - un agent temporaire crée une plage $[ib_{SRV_i} = EET(SRV_i) - \Delta_i - \Delta_{i,int_{cum}}, sb_{SRV_i} = LET(SRV_i)]$ pour un service SRV_i ;
  - l'agent temporaire envoie sa plage à l'agent solving.
- l'agent solving détermine les horizons $[ib_{sub_x}, sb_{sub_x}]$ des sous-problèmes temporaires selon le nombre de périodes critiques (§6.1.2). L'agent solving vérifie l'intersection entre les horizons des sous-problèmes temporaires et les plages reçus des agents temporaires. S'il existe une intersection, il met à jour les horizons de la manière suivante : $ib_{sub_x} = min(ib_{sub_x}, ib_{SRV_i})$ et $sb_{sub_x} = max(sb_{sub_x}, sb_{SRV_i})$;
- l'agent solving envoie les horizons mis à jour aux agents permanents afin qu'ils calculent leur impact :

— chaque agent permanent calcule son impact (§6.2.1) pour chaque sous-problème et il envoie l'horizon ($[ib_{SRV_i}, sb_{SRV_i,imp}]$) à l'agent solving ;

— l'agent solving met à jour les horizons de la même manière précédente : $ib_{sub_x} = min(ib_{sub_x}, ib_{SRV_i})$ et $sb_{sub_x} = max(sb_{sub_x}, sb_{SRV_i,imp})$.

• l'agent solving unit deux horizons s'il y a une intersection entre eux ;

• A la fin, l'agent solving envoie les horizons des sous-problèmes aux agents afin qu'ils puissent proposer des plans locaux.

S'il y a des intersections entre tous les horizons, le problème global ne peut plus être divisé en sous-problèmes. Dans ce cas, la complexité du problème global ne sera pas réduite.

Le fait d'ajouter l'impact d'un service permanent à un horizon donné conduit à augmenter l'horizon d'un sous-problème. Toutefois, cela permet de garantir qu'il n'y a plus d'influence sur les périodes suivantes (avoir des sous-problèmes quasi-indépendants) sous la condition suivante : chaque agent permanent doit prendre en compte la consigne à l'instant de sa borne inférieure quand il fait ses propositions sur l'horizon d'un sous-problème.

Une fois le problème global découpé en sous-problèmes indépendants, une méthode appropriée est appliquée pour résoudre chaque sous-problème. Nous proposons dans le paragraphe suivant une méthode de résolution pour le problème d'affectation d'énergie.

6.3 Résolution d'un sous-problème

Les méthodes de résolution exactes sont efficaces pour des problèmes de petite taille. Cependant, les problèmes de grosse taille demandent de grosses ressources de calcul. La tendance actuelle est de combiner plusieurs méthodes de résolution afin d'obtenir de bons résultats. Bouthillier et al. (2005) proposent une combinaison entre un algorithme génétique et une recherche tabou travaillant sur le même ensemble de solutions afin de résoudre un problème du voyageur de commerce. Dans [Dahal et al. (2006)], une combinaison entre un algorithme génétique et une méthode de résolution exacte est proposée pour résoudre le problème d'ordonnancement dans un système de production d'électricité. Dans [Ha (2007)], une combinaison entre une heuristique et une méthode de résolution exacte est proposée pour résoudre le problème d'ordonnancement de la consommation d'énergie.

En s'inspirant de ce principe, nous proposons une approche hybride combinant le principe des deux méthodes : une heuristique et une méthode exacte. L'objectif de l'heuristique est de réduire la complexité du problème en exploitant les spécificités du problème pour décomposer l'espace de recherche

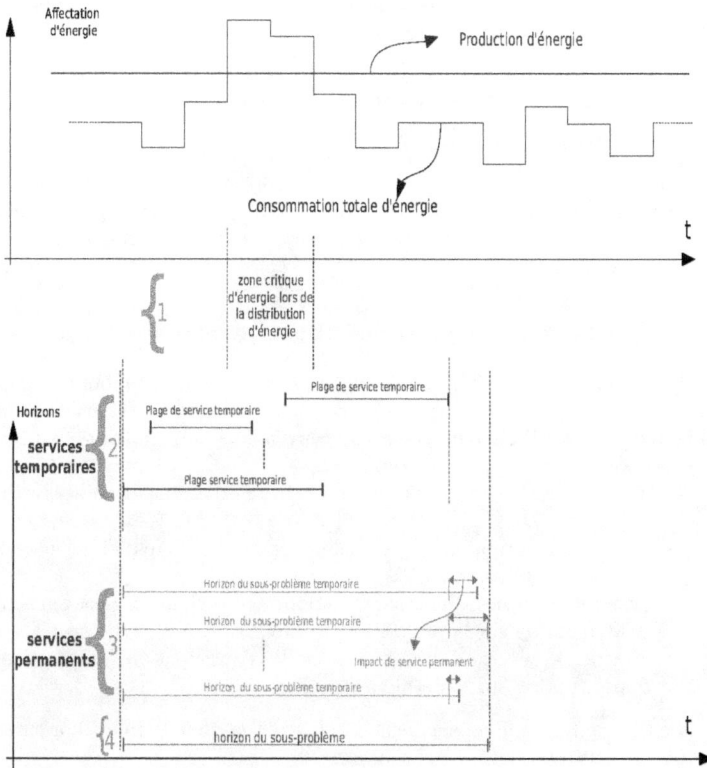

FIGURE 6.5 – *Détermination d'horizon d'un sous-problème.*

en parties. La méthode exacte permet ensuite de trouver la meilleure solution pour la partie choisie. L'approche proposée est inspirée de la Recherche Tabou ([Glover (1989)], [Glover (1990)]).

L'heuristique proposée exploite la notion de voisinage. Dans la gestion d'énergie dans l'habitat, les agents coopèrent et communiquent en s'envoyant leurs demandes d'énergie en forme des profils de puissance (une partie de la connaissance partagée). Nous présentons dans les paragraphes suivants la notion de voisinage de profils de puissance.

6.3.1 Voisinage d'un profil de puissance

Nous rappelons la définition du profil de puissance : « Un profil de puissance : $\Pi = (P_{i,k}, \ldots, P_{i,k+l})$ où $P_{i,m}$ représente la puissance consommée/produite (négative/positive) du service SRV_i pendant la période allant de k à $k + l$ » où l représente l'horizon sur lequel le problème d'affectation d'énergie est résolu.

Voisinage d'un profil de puissance d'agent temporaire

Le voisinage d'un profil de puissance pour un agent temporaire est lié à la flexibilité du service temporaire : la possibilité de décaler le service dans le temps. Quatre possibilités de voisinage peuvent être identifiées pour générer un voisinage :

— interrompre le service d'une seule période d'anticipation si le service le permet ;

— réduire l'interruption d'une seule période d'anticipation si le service était déjà interrompu.

— avancer le service d'une seule période d'anticipation (cas particulier d'interruption sur la première période) ;

— retarder le service d'une seule période d'anticipation (cas particulier d'interruption sur la dernière période) ;

Le fait de faire un changement d'une seule période permet d'orienter la résolution petit à petit vers une solution.

Exemple : Soit l'horizon d'un sous-problème allant de la période 10 à la période 20 où chaque période est de 30 minutes. Soit un service lavage associé au lave-linge qui consomme 1500 watts ($P_i = 1500$) pendant 90 minutes ($\Delta_i = 3 * \Delta_a$), la durée d'interruption est de 30 minutes ($\Delta_{int} = 1 * \Delta_a$), l'utilisateur voudrait que ce service finisse à la période 15 ($RET(SRV_i) = 15$). Supposons que ce service puisse être retardé de 90 minutes ($LET(SRV_i) = 18$) ou avancé de 60 minutes ($RET(SRV_i) = 13$).

L'horizon de ce service est le suivant : $[ib_i, sb_i]$; $sb_i = 18$ et $ib_i = 10$.

Le profil de puissance couvrant les instants de 13 à 15, sans interruption, est le suivant (figure 6.6-a) : [0,0,0,-1500,-1500,-1500,0,0,0,0,0].

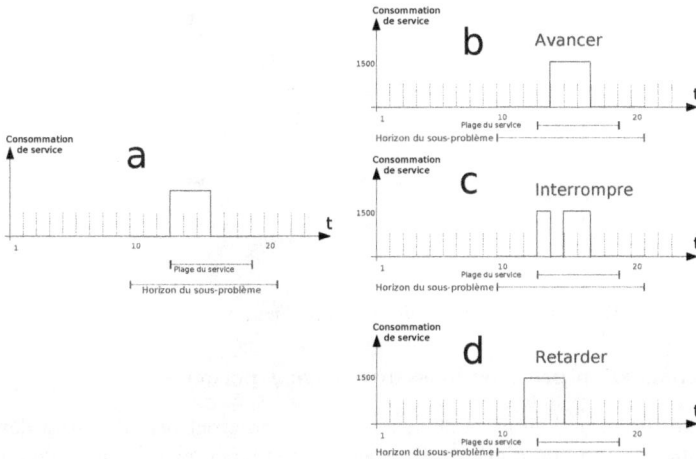

FIGURE 6.6 – *Exemple de voisinage d'un profil de puissance.*

— pour avancer d'une période, on change les périodes 13 et 16 où la période 13 passe de -1500 à 0 et la période 16 passe de 0 à -1500 : [0, 0, 0, 0, -1500, -1500, -1500, 0, 0, 0, 0] (figure 6.6-b) ;
— pour interrompre le service après sa première période par exemple, on change les périodes 12 et 13 où la période 13 passe de -1500 à 0 et la période 12 passe de 0 à -1500 : [0, 0, 0, -1500, 0, -1500, -1500, 0, 0, 0, 0] (figure 6.6-c) ;
— pour retarder d'une période, on change les périodes 12 et 15 où la période 12 passe de 0 à -1500 et la période 15 passe de -1500 à 0 : [0, 0, -1500, -1500, -1500, 0, 0, 0, 0, 0, 0] (figure 6.6-d).

Prenons un autre exemple, en partant du profil suivant [0, 0, 0, 0, 0, 0, -1500, -1500, -1500, 0, 0], le service finit à l'instant 19. Le profil suivant (avancement d'une période) n'est pas acceptable comme voisinage [0, 0, 0, 0, 0, 0, 0, -1500, -1500, -1500, 0] parce que le service finit à l'instant 20 et cela ne respecte pas les contraintes du service (la date de fin est au plus tard à l'instant 19)(figure 6.7).

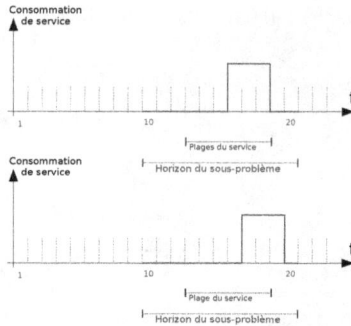

FIGURE 6.7 – *Exemple de voisinage d'un profil de puissance.*

Voisinage d'un profil de puissance d'agent permanent

Le voisinage d'un profil de puissance pour un agent permanent est défini par une modification d'une consigne sur l'une des périodes du profil de puissance. Dans une première approche, les consignes appartiennent à un domaine de valeurs discrètes, mais il peuvent appartenir à un domaine continue. L'agent permanent peut générer un voisinage de la façon suivante :

— l'agent permanent choisit **aléatoirement** une période d'anticipation parmi les périodes de son horizon ;

— puis, il fait un changement d'un pas pour cette période : soit il augmente la consigne de cette période d'un pas ou soit il la baisse d'un pas.

Exemple 1 Soit un radiateur dans une pièce où les températures souhaitées sont dans la plage de $20°C$ à $23 °C$. Supposons qu'un profil de puissance [-400, -400, -500, -550, -350, -400] corresponde aux consignes suivantes : [$21°C$, $21°C$, $22°C$, $22.5°C$, $20.5°C$, $21°C$]. En faisant un changement d'un pas de température (par exemple, de $0.5°C$) sur la quatrième période (figure 6.8), on obtient les consignes suivantes : [$21°C$, $21°C$, $22°C$, $22°C$, $20.5°C$, $21°C$]. L'agent du radiateur calcule le profil de puissance correspondant en se reposant sur le modèle du changement de température (figure 6.8). Un voisin du profil de puissance peut alors être le suivant : [-400, -400, -500, -450, -350, -400].

Le profil de consignes suivant [$21°C$, $21°C$, $22°C$, $22.5°C$, $19.5°C$, $21°C$] n'est pas acceptable comme voisinage parce que la température $19.5°C$ n'appartient pas au domaine de températures acceptables.

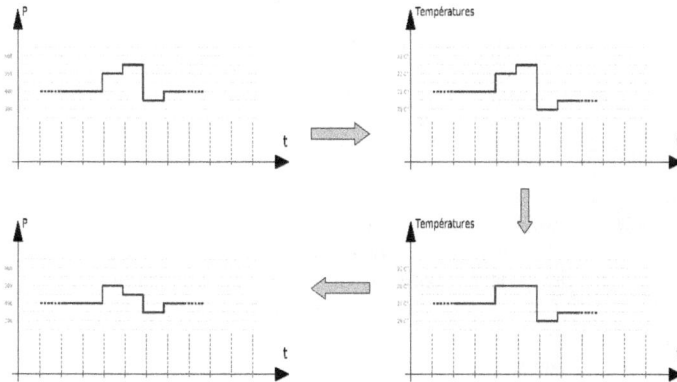

FIGURE 6.8 – *Exemple de voisinage d'un profil de puissance.*

Le fait de faire un changement d'un pas permet de tendre vers une solution petit à petit.

Nous avons présenté comment un agent peut générer un voisinage. Cela va servir à résoudre un sous-problème.

6.3.2 Principe de résolution d'un sous-problème

La résolution d'un sous-problème se fait par des envois de messages (profils de puissance) entre les agents et l'agent solving. Nous proposons une approche reposant sur une combinaison du principe des deux méthodes de résolution : une méthode de résolution exacte (la Procédure de Séparation et d'Évaluation) et une méthode de type récuit-simulé exploitant la notion de voisinage. Cette approche est développée en visant une adaptation à la gestion des flux énergétiques dans l'habitat.

Au début de la résolution, tous les agents supportant un service génèrent n profils de puissance conduisant à un niveau de satisfaction maximum. Puis, chaque agent envoie ses profils avec leur satisfaction à l'agent solving.

Au cours de la recherche de solutions, s'il n'y a pas de solution admissible après m itérations, l'agent solving baisse la valeur de satisfaction globale (initialisée à 100%) d'un pas de satisfaction (par exemple, 10%). Cela permet plus de flexibilité dans la génération de profils de puissance. Ensuite, la recherche

reprend pour m itérations en générant n voisins de profils de puissance par agent à partir d'un profil de puissance retenu par l'agent solving à l'itération précédente et envoyé à chaque agent. La recherche de solution s'arrête :
— si une solution admissible est trouvée et l'agent solving ne peut pas améliorer la solution trouvée (durant les m itérations) ;
— ou si la satisfaction globale est égale à zéro : la satisfaction globale n'appartient pas à $[0, 100\%]$, les contraintes locales d'agents ne peuvent pas être respectées.

Chaque itération se déroule en deux phases :
— **Génération de profils de puissance** : cette phase de la résolution se déroule entre les agents de service et l'agent solving où chaque agent génère de façon aléatoire n voisins de profils de puissance (§6.3.1) à partir d'un profil de puissance envoyé par l'agent solving et choisi à l'itération précédente pour une satisfaction supérieure ou égale à la satisfaction globale ;
— **Recherche d'une solution admissible** : cette phase de la résolution se déroule dans l'agent solving. Cet agent est équipé d'un solveur libre GLPK, cela sert à trouver la meilleure combinaison de profils d'agents (qui viole le moins possible les contraintes énergétiques). L'agent solving contient une liste qui permet de mémoriser les meilleures combinaisons de profils de puissance acceptés visitées.

Le principe de la résolution dans l'agent solving est d'accepter un profil de puissance par agent à chaque itération. C'est pour cela que l'agent solving associe à chaque profil, à chaque itération, une variable binaire $x(\Pi_{i_j})$; ($j \in \{1...n\}$), cette variable est égale à 1 si son profil a été pris dans la solution, sinon, elle est égale à 0.

Un seul profil de puissance sera retenu parmi les n profils pour chaque agent offrant un service SRV_i :

$$\forall k, \sum_{j=1}^{n} (x(\Pi_{i_j})_k) = 1$$

où k est le numéro de période d'anticipation ; n est le nombre des profils de puissance envoyés par un agent offrant un service SRV_i.

Une solution admissible est trouvée s'il y a assez d'énergie pour les services sur toutes les périodes d'anticipation :

$$\forall k, \sum_{j=1}^{n} \sum_{i=1}^{I} (\Pi_{i_j})_k \geq 0$$

où $(\Pi_{i_j})_k$ est la consommation ou la production à la k^{eme} période d'anticipation dans un profil j envoyé par l'agent offrant le service SRV_i. Rappelons que le profil de puissance des agents embarqués dans des sources d'énergie contient une série des valeurs positives, par contre, ce sont des valeurs négatives pour les agents embarqués dans les équipements (les consommateurs d'énergie).

L'objectif de la résolution est de maximiser la satisfaction des agents ; cela veut dire de choisir le profil qui a une satisfaction la plus élevée parmi les profils acceptables :

$$\max \sum_{i=1}^{I} \sum_{j=1}^{n} \sigma_{i,j} * x(\Pi_{i_j}).$$

Le **principe** de résolution du sous-problème est décrit dans ALG. 6 :

Ce **principe** de résolution d'un sous-problème est illustré dans la figure 6.9.

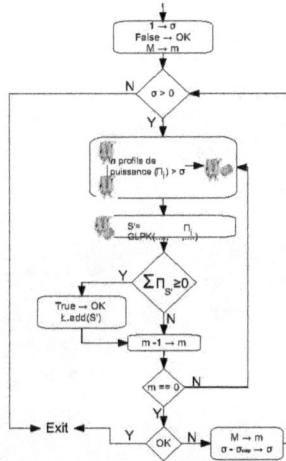

FIGURE 6.9 – *Principe de la résolution d'un sous-problème.*

Une fois les sous-problèmes résolus, la solution globale est obtenue en réunissant toutes les solutions des sous-problèmes. Sachant que durant les périodes d'anticipation ne faisant partie d'aucun sous-problème, les consignes de services sont fixées selon le souhait de l'utilisateur.

Nous présentons dans le paragraphe suivant le protocole de négociation organisant l'échange de messages entre les agents et l'agent solving.

Π : **Profil** ; *[profil de puissance]*
S : **Solution** ; *[solution courante]*
S' : **Solution** ; *[solution temporaire]*
OK : **Boolean** ; *[une solution trouvée ?]*
σ : **Integer** ; *[satisfaction globale]*
σ_{step} : **Integer** ; *[pas de satisfaction]*
M : **Integer** ; *[nombre des itérations]*
Ł : **liste** ; *[liste de solutions acceptées de l'agent solving]*
OK $\leftarrow$ false ;
m $\leftarrow$ M ;
$\sigma \leftarrow 1$;
Tant que ($\sigma > 0$) **faire**
    Répéter
        [Au niveau des agents ; J(S')>J(S)]
        chaque agent génère n voisins $\{\Pi_i\}$ à partir de S ;
        [Au niveau du solvingAgent]
            S' $\leftarrow$ solvingAgent.PSE($\ldots, \Pi_i, \ldots$) ;
        Si ($\sum \Pi_{S'} \geq 0$) **Alors**
            OK $\leftarrow$ true ;
            Ł.add(S') ;
        Fin Si
        m $\leftarrow$ m - 1 ;
        S $\leftarrow$ S' ;
    jusqu'à ce que (m = 0)
    Si (OK) **Alors**
        break ; *[solution admissible est trouvée]*
    Sinon
        $\sigma \leftarrow \sigma - \sigma_{step}$;
        m $\leftarrow$ M ;
    Fin Si
Fin Tq

ALG. 6: Principe de la résolution d'un sous-problème

6.3.3 Protocole de négociation

Bien entendu, durant la résolution d'un sous-problème, la négociation se fait entre les agents par des messages (figure 6.10). Au niveau du mécanisme anticipatif, le protocole de négociation se décompose en deux grandes phases dont les principes sont les suivants :

— *phase de demande de génération de profils de puissance* : pendant cette phase, l'agent solving demande aux agents de générer des profils de puissance voisins d'un profil pour une satisfaction ;

— *phase de proposition* : les agents génèrent des profils de puissance qui sont voisins au profil reçu de l'agent solving.

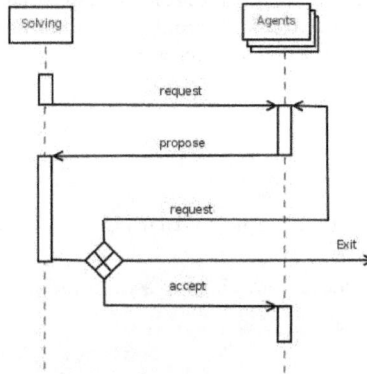

FIGURE 6.10 – *Protocole de négociation des agents : mécanisme anticipatif.*

Primitives de négociation

Les primitives de négociation du mécanisme anticipatif sont :
— Request : l'agent solving envoie ce message aux agents pour qu'ils génèrent des profils de puissance. Un *request* peut être défini comme :

```
request(sender, receiver, "anticipatif",
sub-problem-horizon, global-satisfaction, profil).
```

Les agents « *receiver* » génèrent des voisins pour « *profil* » ayant des satisfactions supérieure ou égale à « *global-satisfaction* » pour le sous-problème demandé (« *sub-problem-horizon* » : $[ib_{sub}, sb_{sub}]$) envoyé par l'agent solving « *sender* ».

— Propose : ce message est la réponse au message « *request* » envoyé par l'agent solving. Il contient un seul voisin pour le profil et le sous-problème demandés. Si un agent génère plusieurs profils de puissance, il envoie plusieurs messages. Ce message peut être défini comme :

```
propose(sender, receiver, "anticipatif",
sub-problem-horizon, satisfaction, generated-profil).
```

Tel que « *generated-profil* » est un profil de puissance généré ayant la « *satisfaction* » pour le sous-problème demandé « *sub-problem-horizon* ».

— Accept : ce message indique aux agents qu'une solution a été trouvée. L'agent solving envoie à chaque agent le profil de puissance contenant les futures consignes pour le sous-problème demandé. Un « *Accept* » peut être défini comme :

```
accept(sender, receiver, "anticipatif",
       sub-problem-horizon, accepted-profil).
```

Tel que *accepted-profil* est le profil de puissance accepté pour le sous-problème « *sub-problem-horizon* ».

6.4 Exemple

Considérons un système composé de six équipements et d'une source d'énergie électrique (du type fourniture EDF) de $4kW$ pour une période d'anticipation de $\Delta_a = 30$ minutes.

Le premier équipement « lave-linge » sera utilisé deux fois (figure 6.11) :

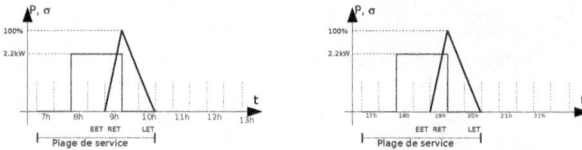

FIGURE 6.11 – *Consommation du service « lavage ».*

— Le premier service *lavage* ($SRV_1 = w_1$) offert par l'agent lié au lave-linge est caractérisé par : la date de fin souhaitée $RET(w_1)$=09h00, la date de fin au plus tôt $EET(w_1)$=08h30, la date de fin au plus tard $LET(w_1)$=10h00, pour une puissance P_{w_1}=2.2kW pendant trois périodes d'anticipation $\Delta_{w_1} = 3 * \Delta_a$. Ce service peut être interrompu pour une seule période d'anticipations $\Delta_{w_1,int_{min}} = 1$, $\Delta_{w_1,int_{max}} = 1$;
— Le deuxième service lavage ($SRV_2 = w_2$) offert par l'agent lié au lave-linge est caractérisé par : la date de fin souhaitée $RET(w_2)$=19h00, la date de fin au plus tôt $EET(w_2)$=18h30, la date de fin au plus tard $LET(w_2)$=20h00, pour une puissance P_{w_2}=2.2kW pendant trois périodes d'anticipation $\Delta_{w_2} = 3 * \Delta_a$.

Le deuxième équipement « lave-vaisselle » sera aussi utilisé deux fois (figure 6.12) :

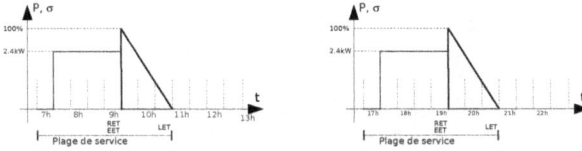

FIGURE 6.12 – *Consommation du service « vaisselle ».*

— Le troisème service *vaisselle* $SRV_3 = d_1$ offert par l'agent lié au lave-vaisselle est caractérisé par : la date de fin souhaitée $RET(d_1)$=9h00, la date de fin au plus tôt $EET(d_1)$=9h00, la date de fin au plus tard $LET(d_1)$=10h30, pour une puissance P_{d_1}=2.4kW pendant quatre périodes d'anticipation $\Delta_{d_1} = 4 * \Delta_a$;
— Le quatrième service *vaisselle* $SRV_4 = d_2$ offert par l'agent lié au lave-vaisselle est caractérisé par : la date de fin souhaitée $RET(d_2)$=19h00, la date de fin au plus tôt $EET(d_2)$=19h00, la date de fin au plus tard $LET(d_2)$=20h30, pour une puissance P_{d_2}=2.4kW pendant quatre périodes d'anticipation $\Delta_{d_2} = 4 * \Delta_a$.

Le troisième équipement « four » sera utilisé une seul fois (figure 6.13). Le service *cuisson* $SRV_5 = c$ offert par l'agent lié au four est caractérisé par : la date de fin souhaitée $RET(c)$=11h00, la date de fin au plus tôt $EET(c)$=9h00, la date de fin au plus tard $LET(c)$=12h00, pour une puissance P_c=1.5kW pendant une seule période d'anticipation $\Delta_w = \Delta_a$.

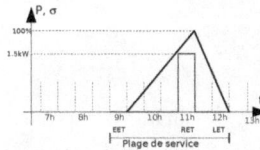

FIGURE 6.13 – *Consommation du service « cuisson ».*

Le quatrième équipement « aspirateur » sera utilisé une seul fois (figure 6.14). Le service *nettoyage* $SRV_6 = v$ offert par l'agent lié à l'aspiratuer est caractérisé par : la date de fin souhaitée $RET(v)$=21h00, la date de fin au plus tôt $EET(v)$=19h00, la date de fin au plus tard $LET(v)$=22h00, pour une puissance P_v=1.5kW pendant une seule période d'anticipation $\Delta_v = \Delta_a$.

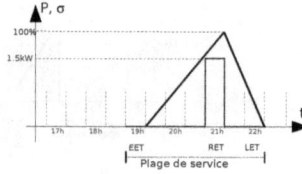

FIGURE 6.14 – *Consommation du service « nettoyage ».*

Le cinquième équipement est un radiateur dans un salon, le service *chauffage* $SRV_7 = ch$ est caractérisé par : $T_{min,ch}$=18.5, $T_{opt,ch}$=20.5, $T_{max,ch}$=21.5, $P_{ch} = 1.5kW$. La fonction de satisfaction du service *chauffage* $SRV_7 = cc$ est illustrée à la figure 6.15. Le modèle de changement de température dans le salon peut être caractérisé par un modèle de comportement dynamique écrit sous la forme d'équations différentielles [N. Mendes et de Araújo (2001)] (se référer au chapitre §4) : $\quad T_{ch,k+1} = e^{(-1800)}T_{ch,k} + 40(1-e^{-1800})P_{ch,k} + (1-e^{-1800}) \times 10.$

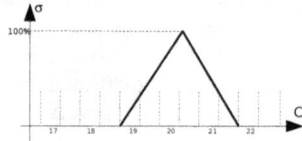

FIGURE 6.15 – *Fonction de satisfaction du service « chauffage $SRV_7 = ch$ ».*

Le sixième équipement est un radiateur dans une chambre à coucher, le service *chauffage* $SRV_8 = cc$ est caractérisé par : $T_{min,cc}$=18, $T_{opt,cc}$=19, $T_{max,cc}$=20, $P_{cc} = 1.5kW$. La fonction de satisfaction du service *chauffage* $SRV_8 = cc$ est illustrée à la figure 6.16. Le modèle de changement de température dans la chambre à coucher est identique à celui du salon.

Dans cet exemple, l'agent de source envoie sa puissance maximum, cela est illustré par sa fonction de satisfaction à la figure 6.17

Comme cela a déjà été mentionné, la recherche d'une solution commence par l'initialisation des services à leur date de fin souhaitée et à leur température préférée (§6.1.2).

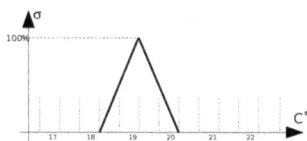

FIGURE 6.16 – *Fonction de satisfaction du service « chauffage $SRV_8 = cc$ ».*

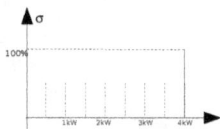

FIGURE 6.17 – *Fonction de satisfaction de la source EDF.*

L'agent lié au radiateur de salon utilise le modèle de changement de température, présenté ci-dessus, pour calculer le profil de puissance correspondant aux consignes suivantes $[20.5°C, 20.5°C, \ldots, 20.5°C]$ pour l'horizon de temps $[7, 23]$ (tableau 6.1).

L'agent lié au radiateur de chambre à coucher utilise le modèle de changement de température, présenté ci-dessus, pour calculer le profil de puissance correspondant aux consignes suivantes $[19°C, 19°C, \ldots, 19°C]$ pour l'horizon de temps $[7, 23]$ (tableau 6.1).

Le tableau 6.1 représente les profils d'énergie demandés lors de la distribution d'énergie.

Agent	Service	Plage de service	Profil de puissance
$agent - w_1$	lavage : w_1	[7,10]	[0 0 -2200 -2200 -2200 0 0]
$agent - d_1$	vaisselle : d_1	[7,10.30]	[0 -2400 -2400 -2400 -2400 0 0 0]
$agent - c$	cuisson : c	[9,12]	[0 0 0 0 -1500 0 0]
$agent - w_2$	lavage : w_2	[17,20]	[0 0 -2200 -2200 -2200 0 0]
$agent - d_2$	vaisselle : d_2	[17,20.30]	[0 -2400 -2400 -2400 -2400 0 0 0]
$agent - v$	nettoyage : v	[19,22]	[0 0 0 0 -1500 0 0]
$agent - ch$	chauffage : ch	[7,23]	[-500 -500 ... -500]
$agent - cc$	chauffage : cc	[7,23]	[-350 -350 ... -350]
$agent - edf$	production : edf	[0,24]	[4000 4000 ... 4000]

TABLE 6.1 – Profils de puissance lors de la distribution d'énergie.

Après la distribution d'énergie aux services, l'agent solving remarque que la consommation d'énergie dépasse l'énergie disponible sur plusieurs périodes (sachant que la source d'énergie envoie sa puissance maximale à l'agent solving). La première zone critique apparaît durant les périodes $7h30$ - $9h00$, puis, durant les périodes $17h30$ et $19h00$.

Au lieu de résoudre le problème globale de 8 services durant 48 périodes d'anticipation (un jour complet), le problème est découpé en sous-problèmes. En appliquant la méthode de détermination de l'horizon de sous-problèmes (§6.2), deux sous-problèmes sont obtenus (figure 6.18). Le premier sous-problème implique les services w_1, d_1, c, ch et cc durant 9 périodes d'anticipation pour l'horizon $[7h00, 12h30]$. Le deuxième sous-problème implique les services w_2, d_2, v, ch, cc durant 9 périodes d'anticipation pour l'horizon $[17h00, 22h30]$.

La résolution commence par l'envoi des messages de l'agent solving aux agents en leur demandant de générer des voisins de profils de puissance (dans cet exemple, $m = 6$: le nombre de voisins par agent). Pour résoudre le premier sous-problème sur l'horizon $[7h00, 12h30]$, l'agent solving commence donc par envoyer les messages suivants aux agents concernés :

```
request:sender solving:receiver agent-w1:content anticipatif
0700 1230 80 0 0 -2200 -2200 -2200 0 0 0 0 0 0 0
```

L'agent solving demande à l'agent-w_1 de générer des profils d'énergie sur l'horizon $[7h00, 12h30]$ pour une satisfaction globale 80%.

```
request:sender solving:receiver agent-d1:content anticipatif
0700 1230 80 0 -2400 -2400 -2400 -2400 0 0 0 0 0 0 0
```

```
request:sender solving:receiver agent-c:content anticipatif 0700
1230 80 0 0 0 0 0 0 0 -1500 0 0 0
```

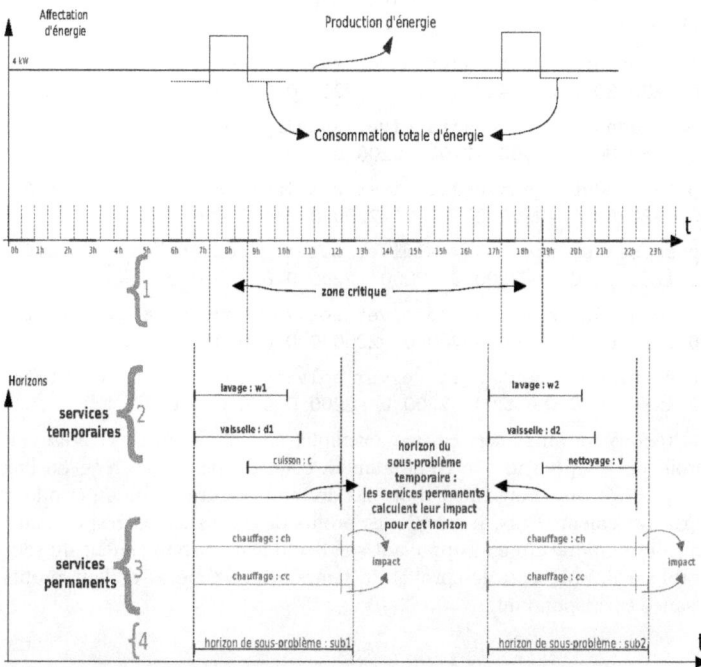

FIGURE 6.18 – *Détermination des horizons de sous-problèmes.*

```
request:sender solving:receiver agent-ch:content anticipatif
0700 1230 80 -500 -500 -500 -500 -500 -500 -500 -500 -500 -500
-500 -500
```

```
request:sender solving:receiver agent-cc:content anticipatif
0700 1230 80 -350 -350 -350 -350 -350 -350 -350 -350 -350 -350
-350 -350
```

Les agents concernés calculent leur voisins aux profils demandés.

Par exemple, l'agent lié au w_1 peut générer six profils de puissance dus à la possibilité de décaler ce service dans le temps et la possibilité de l'interrompre.

```
propose:sender agent-w1:receiver solving:content anticipatif
0700 1230 80 0 0 0 -2200 -2200 -2200 0 0 0 0 0 0
```

```
propose:sender agent-w1:receiver solving:content anticipatif
0700 1230 80 0 -2200 -2200 -2200 0 0 0 0 0 0 0
```

```
propose:sender agent-w1:receiver solving:content anticipatif
0700 1230 80 0 -2200 0 -2200 -2200 0 0 0 0 0 0
```

```
propose:sender agent-w1:receiver solving:content anticipatif
0700 1230 80 0 0 -2200 0 -2200 -2200 0 0 0 0 0
```

```
propose:sender agent-w1:receiver solving:content anticipatif
0700 1230 80 0 -2200 -2200 0 -2200 0 0 0 0 0 0
```

```
propose:sender agent-w1:receiver solving:content anticipatif
0700 1230 80 0 0 -2200 -2200 0 -2200 0 0 0 0 0
```

Prenons un autre service, par exemple, l'agent lié au service ch calcule le profil de température correspondant à celui de puissance reçu de l'agent solving. Il fait un changement d'un pas de température sur une période choisie arbitrairement. Puis, il calcule les profils de puissance correspondant aux profils de température en s'appuyant sur le modèle de changement du service. Le tableau 6.2 présente les profils de température générés et leur profils de puissance correspondant.

Π	σ												
w	100	500	500	500	500	500	500	500	500	500	500	500	500
$°C$	100	20.5	20.5	20.5	20.5	20.5	20.5	20.5	20.5	20.5	20.5	20.5	20.5
$°C_1$	88	20.5	20.5	20.5	20.5	20.5	**21**	20.5	20.5	20.5	20.5	20.5	20.5
w_1	88	500	500	500	500	500	700	400	500	500	500	500	500
$°C_2$	88	20.5	20.5	20.5	20.5	20.5	20.5	**20**	20.5	20.5	20.5	20.5	20.5
w_2	88	500	500	500	500	500	500	400	650	500	500	500	500
$°C_3$	88	20.5	20.5	**20**	20.5	20.5	20.5	20.5	20.5	20.5	20.5	20.5	20.5
w_3	88	500	500	400	650	500	500	500	500	500	500	500	500
$°C_4$	88	20.5	20.5	20.5	20.5	20.5	20.5	20.5	20.5	**20**	20.5	20.5	20.5
w_4	88	500	500	500	500	500	500	500	500	400	650	500	500
$°C_5$	88	20.5	20.5	20.5	20.5	20.5	20.5	20.5	20.5	20.5	20.5	**21**	20.5
w_5	88	500	500	500	500	500	500	500	500	500	500	700	400
$°C_6$	88	20.5	**20**	20.5	20.5	20.5	20.5	20.5	20.5	20.5	20.5	20.5	20.5
w_6	88	500	400	650	500	500	500	500	500	500	500	500	500

TABLE 6.2 – Voisins de Profil de puissance/température du service de chauffage *ch*.

L'agent lié au service *ch* envoie ces profils de puissance à l'agent solving.

Quand l'agent solving reçoit tous les profils de puissance des agents, il applique la méthode de **P**rocédure de **S**éparation et d'**E**valuation pour chercher une solution qui viole le moins possible les contraintes énergétiques. Puis, il envoie de nouveau les profils de puissance de cette solution pour qu'ils calculent des voisins ainsi de suite.

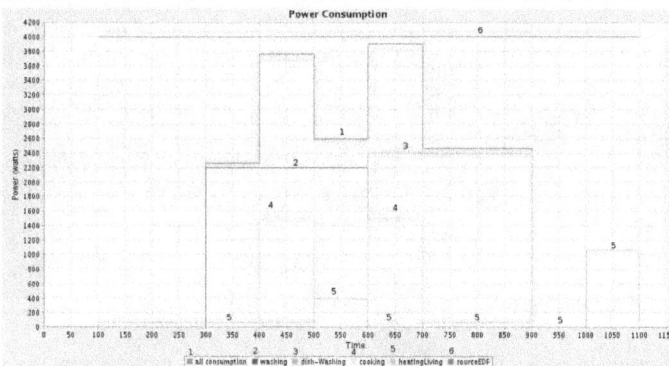

FIGURE 6.19 – *Plan de consommation et de production.*

La figure 6.19 présente un plan de consommation et de production d'énergie pour le premier sous-problème où la consommation d'énergie ne dépasse
plus la production. Cette solution est obtenue, par la négociation des agents, en
jouant sur la flexibilité des services : en avançant le lave-linge de deux périodes
d'anticipation et en retardant le lave-vaisselle de trois périodes d'anticipation.

La température maitenue dans le salon est autour de la température souhaitée de l'usager où l'agent lié au radiateur du salon essaie d'augmenter sa
température, dans le but d'augmenter son niveau de satisfaction, quand il y a
plus d'énergie disponible (les trois dernières périodes, figure 6.20).

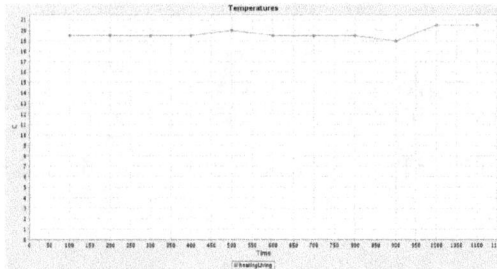

FIGURE 6.20 – *Consignes de températures pour le radiateur de salon.*

Le deuxième sous-problème peut aussi être résolu de la même façon. Ensuite, une solution globale contenant les solutions de deux sous-problèmes
est obtenue sachant que, en dehors des horizons de deux sous-problèmes, les
consignes de services sont mises aux valeurs souhaitées.

En revanche, supposons que le système de pilotage dans l'appartement
est un système de délestage classique (se référer au paragraphe §5.1). Quand
le lave-linge et le lave-vaisselle sont mis en service, le relais de délestage coupe
les deux radiateurs parce que les deux équipements ont de priorités plus éle-
vées que les radiateurs définies par l'utilisateur. Cela provoque une baisse de
température, ce qui implique l'insatisfaction de l'utilisateur. Or, en exploitant
la flexibilité des services, une solution satisfaisante a été trouvée avec le mécanisme anticipatif.

6.5   Résultats

Nous comparons le mécanisme anticipatif, proposé dans ce chapitre, avec
le système de prédiction/ordonnancement prévisionnel proposé par Ha (2007)
pour la gestion de la consommation et de la production d'énergie dans l'habitat
(se référer au paragraphe §2.2.2). La qualité de la solution, liée à la fonction

de satisfaction, et le temps d'exécution sont nos critères de comparaison de ces mécanismes.

Notre évaluation se base sur trente exemples différents générés aléatoirement sur les deux mécanismes.

Nous commençons par comparer les deux mécanismes sur le premier sous-problème de l'exemple précédent (6.4). Dans la figure 6.21, nous remarquons que la satisfaction de la meilleure solution obtenue est de 75% pour le mécanisme distribué proposé et de 82% pour celui centralisé. Nous remarquons aussi que la recherche de la solution prend plus de temps (35% de plus) au niveau du mécanisme proposé par rapport à celui centralisé.

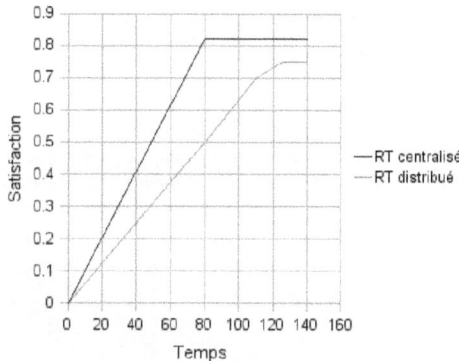

FIGURE 6.21 – *Comparaison entre le mécanisme proposé et mécanisme centralisé de prédiction / ordonnancement.*

Sur les 30 exemples, le mécanisme distribué produit un temps d'exécution supérieur de 40s à 120s au temps d'exécution d'un mécanisme centralisé. La qualité de la solution obtenue est diminuée de 5% à 20% comparé au mécanisme centralisé.

Ces différences peuvent être expliquées par plusieurs facteurs :
— fonction de satisfaction : le mécanisme centralisé cherche la solution optimale contrairement à celui proposé qui cherche une solution acceptable ;
— la différence en temps d'exécution est dû au temps d'envoi/réception de messages permettant à chaque agent d'analyser et répondre à un message.

Nous remarquons que, les performances du système centralisé sont meilleures que celles obtenues avec le système distribué proposé. Par contre, au niveau d'une implémentation réelle, le système distribué basé sur les techniques de Systèmes Multi-Agents présente des atouts certains sur l'approche centralisée :

— l'approche centralisée s'adapte difficilement aux contextes réels des systèmes domotiques car cette approche n'est pas adaptée à des configurations / reconfigurations fréquentes et diverses. Cela ne permet pas d'avoir un système ouvert contrairement au système distribué où des équipements peuvent être ajoutés ou enlevés sans reprendre la configuration du système et sans remettre en cause le fonctionnement global de l'algorithme d'optimisation qui doit être capable potentiellement d'appréhender tout type de contraintes ;

— le système distribué basé sur les techniques de SMA, permet de prendre en considération l'aspect d'extensibilité : de nouveaux types d'équipements peuvent être ajoutés au système sans qu'il soit nécessaire de le reconfigurer entièrement. Par contre, au niveau du système centralisé, les algorithmes d'optimisation doivent être modifiés pour la prise en compte de nouveaux types d'équipements ;

— le système distribué s'adapte à la nature du système domotique par :
  — la distribution physique de différents types de consommateurs d'énergie comme le four, le lave-linge, le radiateur ;
  — la distribution physique des sources d'énergie comme les panneaux solaires, groupe - électrogène, panneaux solaires, pile à combustible, etc.

6.6 Conclusion

Ce chapitre présente le mécanisme anticipatif ayant pour objectif de calculer un plan d'affectation de l'énergie tenant compte des prévisions de fonctionnement disponibles. Ce mécanisme détermine des consignes moyennes qui sont ajustées en temps réel par le mécanisme réactif.

Une approche hybride est proposée pour la résolution du problème dans le but de réduire la complexité du problème. L'approche hybride combine le principe de deux méthodes : une méthode à base de heuristique et une méthode exacte. L'objectif de la méthode heuristique est de réduire la complexité du problème en décomposant l'espace de recherche en parties. La méthode exacte permet ensuite de trouver la meilleure solution pour la partie choisie.

Les résultats ont montré que les performances du système centralisé sont meilleures que celles obtenues avec le système distribué proposé. Or, au niveau de la robustesse, le système proposé est plus robuste que celui centralisé : il se caractérise par sa capacité à appréhender la diversité, par son ouverture et par son extensibilité.

Chapitre 7

Conception des Systèmes Multi-Agents

Après avoir étudié ce que les Systèmes Multi-Agents pouvaient apporter à la résolution de problème de gestion de l'énergie dans l'habitat, il reste à étudier ce que la conception d'un Système Multi-Agents pour la gestion de l'énergie dans l'habitat peut apporter à la conception de Système Multi-Agents en général. L'objectif est donc de reconsidérer la conception d'un Système Multi-Agents en général au regard de l'application présentée dans les chapitres précédents. En effet, la gestion de l'énergie est un domaine dépendant de plusieurs domaines de recherche dont l'Énergie, l'Automatique, la Recherche Opérationnelle et les Systèmes Multi-Agents. Le système MAHAS a été conçu en croisant ces domaines de recherche. Afin de prendre du recul sur la conception du système, nous avons souhaité réexaminer une méthode de conception « purement » multi-agents pour tenter de la compléter par des éléments liés à notre application qui peuvent être généralisés à d'autres applications physiques des Systèmes Multi-Agents.

Nous commençons par présenter une courte synthèse des méthodes de conception des Systèmes Multi-Agents. Ensuite, nous nous appuyons sur une des méthodes pour construire un système multi-agents qui convienne à la résolution d'un problème physique tel que la gestion d'énergie de l'habitat. Cela permet de formaliser les étapes préliminaires du développement du système afin de rendre ce développement plus fidèle aux besoins.

Les approches d'analyse et de conception sont très utilisées dans le secteur des systèmes d'information, mais les modèles utilisés sont nombreux et ont fortement évolué au fil du temps. Nous présentons dans le paragraphe suivant une synthèse des méthodes de conception de Systèmes Multi-Agents les plus connues. Ces méthodes seront examinées au regard de notre application.

7.1   Méthodologie de Systèmes Multi-Agents

L'approche multi-agents propose un cadre méthodologique bien adapté pour la modélisation et l'analyse des systèmes complexes. Au travers des progrès accomplis jusqu'à présent dans le domaine des Systèmes Multi-Agents, le besoin de méthodologies rationnelles et d'outils d'aide à la conception reste majeur. La conception de Systèmes Multi-Agents capables de s'adapter à un environnement fortement dynamique impose une méthode de conception couvrant tout le processus de développement des applications.

Les modèles issus de l'approche objet ne sont pas suffisamment expressifs et adaptés au concept d'agent et ne prennent pas en compte les caractéristiques fondamentales d'autonomie et de société d'agents ainsi que les caractéristiques de complexité et de dynamisme du système. Les objets ne peuvent pas évoluer dans le temps car leurs interactions sont prédéfinies. Par contre, dans les Systèmes Multi-Agents, l'interaction entre les agents est beaucoup plus riche et complexe car l'agent doit interpréter le message et doit décider dynamiquement du comportement à adapter pour permettre la prise en compte d'évènements imprévus.

Une synthèse des méthodes Systèmes Multi-Agents est présentée dans le tableau 7.1 fait par [Picard (2004)] et complété par [Jamont (2005)]. Ce tableau montre les points forts et faibles pris en compte pour chaque méthode : recueil des besoins, analyse, conception, implémentation, test, déploiement, maintenance et délivrable.

	Cycle de vie	Besoins	Analyse	Conception	Implémentation	Test	Déploiement	Maintenance	Délivrables
ADELFE	v	+	++	++	+	+	∓	∓	++
AAII	Cascade	−	++	+	−−	−−	−−	−−	+
Aalaadin	Cascade	−	++	+	++	−	+	−	−
Cassiopée	Itératif	−−	++	+	−−	−−	−−	−−	∓
DESIRE	Cascade	−	∓	++	∓	++	−−	−−	−
GAIA	Itératif	−	++	++	−−	−	−−	−−	++
MaSE	Cascade	−−	++	++	+	∓	−−	−−	++
Prometheus	Cascade	−	++	++	+	−	−−	−−	+
Voyelles	Cascade	−	++	++	+	+	+	−−	−
DIAMOND	spirale	+	++	++	++	+	++	∓	++

TABLE 7.1 – Comparaison des méthodes des conception SMA par rapport aux cycles de vie [Jamont (2005)].

Notations : (++) pour les propriétés pleinement et explicitement prises en charge ; (+) pour les propriétés prises en charge d'une manière indirecte ; ($\mp$) pour les propriétés potentiellement prises en charge ; (−) pour les propriétés non prises en charge ; (−−) pour les propriétés explicitement non prises en charge.

L'approche objet est l'approche la plus proche de la notion d'agent où l'agent peut être considéré comme une extension d'objet en ajoutant des notions (par exemple, prise en compte par A-UML, extension d'UML) pour mieux répondre aux besoins des agents. Par exemple, la méthode MaSE et la méthode MESSAGE confirment cette remarque car elles reposent sur l'approche objet pour modéliser des agents.

L'objet ne comprend pas de concepts liés aux capacités cognitives des agents ou à la notion de société. La méthode DESIRE s'inspire de l'ingénierie des connaissances pour modéliser ses agents pour la gestion des connaissances ; ces agents sont basés sur l'architecture BDI. Aalaadin utilisent des notions organisationelles pour modéliser la structure inter-agents des systèmes. La méthode Cassiopée décrit le comportement des agents avant de décrire celui collectif des agents, mais ne recouvre guère l'aspect processus du développement : elle insiste sur la phase d'analyse et de conception.

Chacune de ces méthodes insiste sur la phase d'analyse qui est soit centrée sur les rôles de système à concevoir comme la méthode Cassiopée, soit centrée sur les tâches comme la méthode DESIRE ou soit sur les buts du système comme MaSE et Prometheus.

Il n'existe peu de méthodes qui se focalisent sur la phase de recueil des besoins et la phase de maintenance. À l'exception des méthodes ADELFE et DIAMOND, les méthodes citées ci-dessus ne proposent aucun processus de développement complet qui soit compatible avec la notion d'auto-organisation. Dans la méthode ADELFE, la problématique agent n'apparaît que pendant la phase l'analyse et celle de la conception.

La nature complexe des applications nécessite de pouvoir procéder à des itérations successives. Ce besoin est encore plus important pour construire un système Multi-Agents ; l'examen simultané des vues globales et locales propres à la conception des Systèmes Multi-Agents nécessite une approche pas à pas car les comportements individuels et sociaux peuvent être contradictoires. C'est pour cela qu'un cycle de vie en spirale semble préférable pour construire un Système Multi-Agents.

Les approches Multi-Agents traditionnelles ne couvrent que l'aspect logiciel du cycle de vie du système. Par contre, la méthode DIAMOND, qui adapte un cycle de vie en spirale itératif et incrémental [Jamont (2005)], s'intéresse à toutes les étapes du développement d'un système complexe en couvrant les aspects tant logiciels que matériels. Un des intérêts de DIAMOND est d'intégrer le concept des composants comme unité opératoire, ce qui permet la ré-utilisation des composants et une meilleure gestion de la complexité par une décomposition des fonctions. Un autre intérêt de la méthode DIAMOND est d'intégrer une démarche de qualité complète permettant une traçabilité complète de différentes étapes du cycle de vie du système.

Pour toutes ces raisons, nous pensons que la méthode DIAMOND est la méthode la plus adaptée au problème de la gestion d'énergie dans l'habitat décrit dans les chapitres précédents.

7.1.1 La méthode DIAMOND

La méthode DIAMOND (Decentralized Iterative Appproach for Mutliagent open networks Design) [Jamont et Occello (2007)] s'intéresse à la modélisation et à la réalisation de système complexes logiciel/matériel.

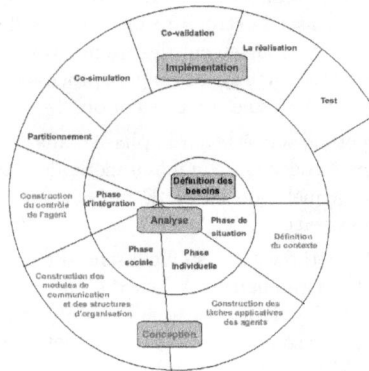

FIGURE 7.1 – Le cycle de vie de la méthode DIAMOND

Jamont et Occello (2007) proposent une démarche méthodologique de l'analyse de problèmes relevant des systèmes complexes en utilisant l'approche des Systèmes Multi-Agents. Bien que les agents aient leurs propres buts, ils participent à l'accomplissement des objectifs globaux du système à concevoir. La méthode DIAMOND structure le fonctionnement global du système via les modes du systèmes : modes de marche et d'arrêt. Elle définit le niveau local d'agent et celui de système ; elle assemble les comportements individuels et les comportements sociaux des agents en identifiant leurs influences les uns sur les autres. Elle guide le concepteur durant la phase de conception en utilisant les composants comme unité opératoire. Cette méthode adopte le cycle de vie spirale en faisant le partitionnement logiciel/matériel en fin du cycle de vie (figure 7.1).

Le cycle de vie de la méthode DIAMOND comprend quatre étapes : définition des besoins, analyse, conception générique, implémentation.

Dans la suite, nous décrivons les différentes étapes de la méthode DIAMOND et nous les appliquons à notre système avec un regard critique.

7.2 Conception du système de gestion d'énergie selon DIAMOND

7.2.1 Définition des besoins

Cette étape a pour l'objectif de définir ce que l'utilisateur désire et d'identifier le fonctionnement du système. Elle consiste à établir un cahier des charges fonctionnel indiquant si l'approche Multi-Agents est convenable au problème posé.

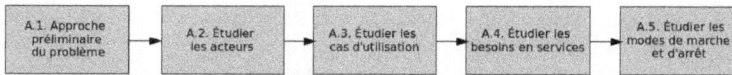

Cette étape commence par une description du problème d'une manière informelle pour en avoir une vue globale. Ensuite, les différents acteurs du système sont identifiés en spécifiant les rôles que les utilisateurs jouent en interagissant avec le système ; les cas d'utilisations sont décrits et hiérarchisés. Puis, on procède à l'analyse des besoins en services de chacun des acteurs, cela permet de représenter les échanges de messages entre le système à concevoir et les acteurs qui interagissent avec lui. Cette méthode adressant la partie physique du système, il est important de déterminer les modes de marche et d'arrêt.

La gestion d'énergie dans l'habitat est un projet de recherche qui a démarré il y a cinq ans. À son démarrage, ce projet n'était pas assez clair pour être bien formalisé. À posteriori, nous pouvons dire que la gestion d'énergie dans l'habitat concerne un habitat, composé de différents pièces, équipé par des équipements domestiques et de différents types de sources d'énergie (multi-sources et multi-équipements). Le problème de la gestion de l'énergie est présenté dans le chapitre §3.

Deux types d'acteurs peuvent être distingués : acteurs humains et acteurs non humains. Les acteurs non humains sont les équipements domestiques, les sources d'énergie et le service de prévision météo. Les acteurs humains sont les usagers dans l'habitat. Dans le système, nous considérons que la famille est représentée par un seul utilisateur, qui déclare ses préférences et ses critères de confort et de consommation.

Dans la gestion de l'énergie dans l'habitat, de nombreux cas d'utilisation existent. Par exemple, dans un contexte d'un seul réseau EDF et plusieurs équipement domestiques, l'objectif est de réduire la facture énergétique dans un contexte de tarification variable de type heures creuses / heures pleines. Nous ne développons pas les différents cas d'utilisation dans ce chapitre.

Au stade des modes de marche et d'arrêt, nous pourrions définir plusieurs modes : mode de marche normal (mode été, mode hiver), mode de préparation (configuration du système), mode de vérification de marche, mode de sécurité. La définition des modes d'arrêt et de marche permet de réexaminer les cas d'utilisation afin de vérifier qu'ils couvrent bien l'ensemble de modes de marche.

L'étape de définition des besoins de la méthode DIAMOND est nécessaire et existe dans la plupart des méthodes de conception. La méthode DIAMOND se focalise sur la phase de recueil des besoins. Cette étape de la méthode DIA-MOND est bien adaptée au problème de la gestion d'énergie. En revanche, la méthode ne distingue pas explicitement les acteurs humains des acteurs non humains ; qui sont pourtant essentiels pour nous car les acteurs principaux de notre système sont les équipements domestiques et les sources. Nous pensons que les fiches de l'approche préliminaire ne sont pas nécessaires dans notre système car le problème de la gestion d'énergie ne peut pas encore être suffisamment formalisé à ce stade. Les modes de marche et d'arrêt permettent de compléter les cas d'utilisation ; ils permettent d'identifier les différents contextes d'usage d'un système domotique : saison, panne réseau de distribution, etc. Néanmoins, il nous semble peu rentable de trop formaliser cette étape.

7.2.2   Étape d'analyse

Cette étape permet de décomposer le problème en sous problèmes indépendants qui peuvent être pris en charge par des composants logiciels autonomes et communiquants : les agents. Cette étape comprend quatre phases (figure 7.2) qui utilisent deux niveaux : *société* où le système est vu comme un tout et *individu* dans lequel on focalise sur les agents.

L'étape d'analyse consiste à définir les limites du système, à caractériser l'environnement et les agents et à définir l'interaction et l'organisation. Cela permet d'identifier les paramètres qui interviennent dans la représentation du monde qu'ont les agents. Ensuite, on s'intéresse aux aspects internes et externes des agents : l'aspect interne concerne la définition de ce que l'agent sait faire et de ce qu'il connaît ; l'aspect externe consiste à définir ce que l'agent peut percevoir du monde extérieur et comment il le perçoit. La phase sociale se focalise sur l'interaction et sur l'organisation entre agents pour élaborer un comportement collectif en déterminant les actions qui initialisent des interactions avec les autres agents. C'est pour cela qu'il faut déterminer les médias de communications ainsi que les protocoles de communications entre les agents. A

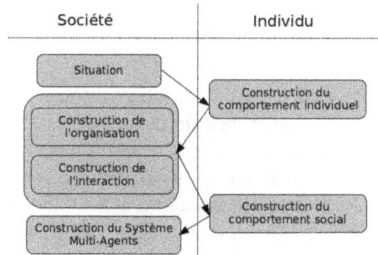

FIGURE 7.2 – Les itérations de l'étape « Analyse »

la fin de cette étape, la phase d'intégration permet d'intégrer les influences sociales aux comportements individuels des agents afin d'assembler et d'adapter judicieusement les deux comportements.

Phase de situation

Cette étape commence par caractériser l'environnement du système et ses entités afin d'esquisser les contours des agents du système. Le nombre d'équipements, les différentes sources d'énergie et les préférences de l'utilisateur sont connus. La consommation d'énergie des équipements et la production d'énergie des sources peuvent être déterminées. L'environnement est donc *accessible*. On ne peut pas identifier toutes les actions effectuées par les autres entités du système. Cependant certains éléments de l'environnement sont prédictibles comme la production et la consommation de l'énergie ; l'environnement est *non déterministe*. L'environnement est *épisodique* car on suppose que l'utilisateur peut y intervenir et changer ses préférences et son critère prix/confort à n'importe quel moment. Le temps ne peut pas être arrêté et n'est pas commandable comme tout environnement réel ; le nombre des équipements varie dans le temps, on peut ajouter ou retirer des équipements, l'environnement est *dynamique*. Bien que les actions possibles soient finies, l'environnement est *continu*.

La caractérisation de l'environnement, pour le problème de la gestion de l'énergie, permet de mieux cerner le problème de la gestion d'énergie dans l'habitat.

Dans le système, il n'y a aucun contrôle centralisé. Il convient donc, à chacun des équipements de décider, selon son état, d'aider les autres. Ces équipements ont donc un besoin d'autonomie : il s'agirait donc d'entité actives [1].

Une fois l'environnement et les entités du système caractérisés, les agents du système, en suivant les démarches de la méthode DIAMOND, pourraient être déterminés. Cela conduirait à associer un agent logiciel à toute entité équipement/source. Or, dans notre application, il s'est avéré que la notion d'entité active ne coïncidait pas directement à la notion d'agent. C'est en réalité à l'issue de la phase individuelle que les contours d'un agent sont apparus.

Phase individuelle

En domotique, le « confort de l'usager » est un des aspects les plus importants à prendre en considération. La notion de confort peut être liée directement au concept de fonction de satisfaction. La fonction de satisfaction caractérise les sentiments de l'usager vis à vis d'un service (se référer au paragraphe §4.3). Comme la fonction d'un système domotique est de satisfaire l'usager, il est naturel de concevoir un Système Multi-Agents comme une interaction entre des entités logiciels autonomes où chacune d'elles vise à satisfaire l'usager. Un agent s'associe donc naturellement à un service dont la qualité s'évalue à travers la notion de satisfaction des usagers. La satisfaction permet à un agent de percevoir son niveau atteint par rapport à un but préalablement fixé (service offert) afin qu'il puisse gérer son attention, sa décision et enchaîner ses actions en présence des influences d'autres agents.

L'application de la méthode DIAMOND lors de la phase individuelle conduit à distinguer la connaissance partagée d'un agent à travers l'envoi, la réception et l'analyse des messages échangés entre les agents ; la connaissance interne (privée) contenant sa fonction de satisfaction ainsi que le modèle de comportement qui lui est propre. Pour distinguer ces connaissances internes et externes, nous avons établi un modèle ontologique du domaine puis nous avons identifié les connaissances qui étaient partageables (se référer au paragraphe §4.3). Cela nous a permis de mieux cerner les connaissances échangées et donc de mieux cerner les contours d'un agent. Une partie des connaissances privées sont formalisées sous forme de modèles de comportement d'équipements et de fonctions de satisfaction. Nous avons introduit deux types de modèles comportementaux pour les services énergétiques : les modèles dynamiques continus et les modèles dynamiques de type automate à états finis (se référer au paragraphe §4.1.4). La connaissance partagée contient les données partagées qui peuvent être formalisées sous une forme standard. Cela veut dire que toutes les

---

1. Une entité active possède de l'autonomie. Une entité passive ne possède pas ce pouvoir de dire non que lui confère l'autonomie : elle répond quasiment uniformément aux sollicitations des autres entités.

informations sur la consommation et la production sont organisées ou standardisées pour que les différents composants du système puissent communiquer.

Pour compléter la phase individuelle de DIAMOND, nous avons dû établir un modèle ontologique du domaine et distinguer les connaissances partageables des autres. Cela nous permis non seulement de renforcer la définition des contours des agents mais aussi de mieux cerner la nature des interactions entre les agents.

Phase sociale

Dans la gestion de l'énergie, un agent peut envoyer ou recevoir des messages mais parce que la nature de chaque équipement est généralement différente, il est nécessaire de spécifier la nature des messages envoyés entre les agents du système, cela veut dire qu'il faut définir un langage de communication entre les agents qui soit compréhensible et analysable par tous les agents. Ce langage s'appuie sur la connaissance partageable identifiée dans la phase précédente.

En ce qui nous concerne, la connaissance partageable identifiée est composée des besoins d'énergie, des propositions d'énergie et de la satisfaction usager résultant. Parmi les connaissances non-partageable, nous avons identifié les modèles de comportement des services et les fonctions de satisfaction.

Chaque agent essaie de satisfaire ses besoins tout en coopérant avec les autres agents car les agents du système sont considérés comme des agents coopératifs et non compétitifs. Les agents peuvent donc faire des demandes aux autres et répondre aux demandes des autres. Les actions et les perceptions collaboratives sont référées au paragraphe §5.2.

L'interaction entre les agents est réalisée par l'envoi des messages. Les agents ont donc besoin d'un protocole pour envoyer des messages. Le protocole usuel de contract Net [Smith (1980), Yang *et al.* (1998)] semble bien convenir à la problématique (se référer au paragraphe §5.3). La communication entre agents est faite directement : elle ne fait pas intervenir de tiers lors de l'envoi de messages.

A ce stade, nous pensons que les médias de communication ne peuvent être déterminés que plus tard parce que c'est un problème technique lié à la phase de conception.

Phase d'intégration

Cette étape conduit à étudier les influences possibles entre les agents. Nous avons déterminé que les agents du système pourraient être coopératifs pour qu'ils ne cherchent pas à se satisfaire en pénalisant les autres agents. Dans la gestion d'énergie dans l'habitat, cela conduit à la définition d'un niveau de satisfaction critique qui représente un seuil d'urgence (se référer au paragraphe §5.2.2). Ce seuil est ajusté en fonction de la fréquence des appels d'urgence, ce qui permet d'améliorer le niveau de satisfaction moyen des agents coopératifs.

7.2.3 Étape de conception générique

Cette étape a pour objectif de construire un Système Multi-Agents répondant aux spécifications posées sans séparer les deux aspects matériel/logiciel.

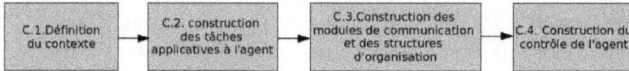

L'étape de conception commence par préciser le diagramme de contexte en faisant les choix technologiques de capteurs et d'effecteurs de chaque agent : coût, consommation électrique, etc. Cela permet de choisir une architecture pour les agents en prenant en compte les contraintes déterminées précédemment. Ensuite, on construit les parties qui acquièrent l'information des capteurs et les parties qui agissent sur le monde extérieur ; on construit la coquille interne de l'agent en créant les actions évoluées de l'agent. Puis, on construit des modules de communication qui permettront de construire le protocole d'interaction et de construire la structure d'organisation entre les agents. A la fin de cette étape, les parties évaluation et décision des agents sont créées ; elles servent à évaluer les messages reçus pour décider d'un comportement approprié.

Dans l'habitat, les services énergétiques sont variés et les équipements sont de différentes natures. Les modèles comportementaux dépendent du service offert et de la nature des équipements. Chaque agent est associé à un service offert. Les équipements constituent les supports à la réalisation des services. À partir de la distinction de connaissances partagée et privée, une architecture d'agent est définie (se référer au paragraphe §4.3). Cette architecture se fait via des composants, ce qui sert à mettre à jour les composants sans que le fonctionnement du système ne soit totalement remis en cause. La coquille interne et externe de l'agent et son contrôle données dans les paragraphes §5.2.3 & §5.2.4. Le protocole de communication peut alors être défini (se référer au paragraphe §5.3).

Si les agents issus de la phase d'analyse sont bien déterminés, l'étape de la conception est bien adaptée au problème de la gestion d'énergie.

L'objectif de notre étude est de concevoir un système de gestion d'énergie simulant un système énergétique dans un habitat composé de différents équipements et de différentes sources d'énergie.

Les étapes précédentes des démarches de la méthode DIAMOND n'a conduit qu'à la conception du mécanisme réactif du système MAHAS (se référer au chapitre §5) car la méthode DIAMON n'intègre pas une réflexion sur les différentes échelles (temporelles ou non) de résolution d'un problème.

7.2.4 Étape d'implémentation

Cette étape constitue la phase terminale de la conception et de la réalisation. Elle permet de partitionner le système en faisant la synthèse logicielle/matérielle en s'appuyant sur le codesign.

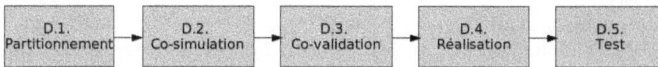

La principale utilisation du codesign se trouve dans le partitionnement matériel/logiciel pour les différents composants de chaque agent en fonction de spécifications faites durant la phase du recueil de besoins. Ensuite, il faut s'interroger sur les critères qui vont orienter la décision vers une implémentation matérielle ou logicielle. Après avoir réalisé le système, des tests sont faits pour vérifier la conformité entre la spécification initiale et le système réalisé.

Parce que la conception de ce système est au stade des simulations, cela ne permet pas d'aller plus loin dans les démarches de la méthode DIAMOND : nous ne pouvons pas encore appliquer l'étape d'implémentation à notre système.

7.3 Conclusion

Ce chapitre a examiné la méthode DIAMOND à travers la conception d'un système pour la gestion d'énergie dans l'habitat. En étudiant les méthodes de conception orientées SMA, nous avons remarqué que la méthode DIAMOND était la plus adaptée au problème de la gestion d'énergie dans l'habitat décrit dans les chapitres précédents.

En suivant les étapes de la méthode de conception « DIAMOND », nous avons vu que nous n'avons construit que le mécanisme réactif du système. Or, en faisant fonctionner le mécanisme réactif, le besoin de mécanisme anticipatif apparaît notamment lorsque des événements peuvent être prévus à l'avance. Le cycle de vie en spirale de la méthode de conception « DIAMOND » se prolonge par une phase d'évaluation des risques qui permet d'évaluer le fonctionnement du système et de reconstruire les modèles du contrôle des agents dans le but d'améliorer le fonctionnement du système. Pour cela, les analystes doivent recommencer la phase d'analyse et celle de conception. La méthode

« DIAMOND » n'envisage pas d'architecture de système adaptée à différentes échelles de temps (à long et court terme). Comme nous l'avons vu précédemment, la méthode « DIAMOND » est la méthode la plus adaptée au problème de la gestion d'énergie dans l'habitat. Nous suggérons donc d'ajouter dans la phase d'analyse une phase d'examen du problème suivant différentes échelles (temporelles ou non). Cela conduit à modifier les phases individuelle et sociale de l'étape d'analyse et à modifier la phase de construction du contrôle de l'agent en ajoutant une étape.

Dans notre application, la distinction entre les phases individuelle et sociale n'est pas d'un grand intérêt. De plus, la méthode DIAMOND ne conduit pas explicitement à distinguer les données partageables des autres. Pour compléter la phase individuelle de DIAMOND, nous avons dû établir un modèle ontologique du domaine et distinguer les connaissances partageables des autres. Cette étape supplémentaire nous semble généralisable à d'autres applications.

Conclusion générale

Dans ce manuscrit, nous avons présenté nos travaux relatifs à la conception d'un système domotique multi-agents de gestion de l'énergie dans l'habitat.

Il s'agissait de trouver une solution de pilotage informatique du système énergétique de l'habitat composé d'équipements domestiques et de sources d'énergie, soit distantes (via le réseau de transport/distribution électrique national), soit locales (par exemple : solaire, éolienne, et pile à combustible). Cette solution permet de trouver dynamiquement une politique de production et de consommation de l'énergie tout en prenant en compte les critères posés par l'utilisateur, les contraintes diverses des équipements et la disponibilité des sources d'énergie.

Du fait du nombre et de la diversité des acteurs de l'habitat, nous nous sommes orientés vers des solutions qui favorisent la modularité. Le besoin d'auto-adaptation structurel, plus techniquement le besoin d'équipements « plug-and-play », nous a conduit au paradigme Multi-Agents afin de ne partager qu'un minimum de connaissances entre modules et de fonctionner de manière asynchrone par échange de messages. En effet, un système domotique doit être ouvert et extensible : les équipements (ou les nouveaux types d'équipements) peuvent être ajoutés ou enlevés à tout moment sans remettre en cause le fonctionnement global du système.

Étant donnée la grande multitude d'équipements et l'évolution rapide de la technologie influençant directement les comportements, nous avons défini la notion de *service* comme regroupement du fonctionnement de différents équipements. Un service peut être un service permanent ou un service temporaire. Le *service permanent* est caractérisé par une quantité d'énergie consommée ou produite. Ses activités énergétiques (consommation, production) interviennent sur tout l'horizon d'un plan d'affectation de ressources d'énergie. Le *service temporaire* est caractérisé temporellement par la durée et le temps d'exécution souhaité. Ses activités énergétiques sont liées à un horizon temporel qui est inclus dans l'horizon du plan d'affectation des ressources énergétiques du problème global. Pour les deux types de service, on distingue les services interruptibles, décalables et modifiables. Certains services sont prédictibles, soit à partir d'informations météorologiques, soit par une programmation des utilisateurs ou même par un apprentissage des habitudes des utilisateurs.

Nous avons distingué deux groupes de modèles comportementaux correspondant aux deux types de services : le groupe des modèles dynamiques et le groupe des modèles de type automate à états finis. Les modèles dynamiques permettent de décrire l'évolution continue de certains équipements comme un radiateur. Les modèles de type automate à états finis permettent de décrire l'évolution temporaire de certains équipements qui fonctionnent par étapes.

En domotique, le «confort de l'utilisateur» est un des aspects les plus importants à prendre en considération. La notion de confort est trop abstraite pour être quantifiée directement. C'est pour cela que nous l'avons traduit par des fonctions de satisfaction. Le confort est une sensation alors que la satisfaction est un état. La fonction de satisfaction caractérise la perception de l'utilisateur vis à vis de la qualité du service. Nous avons défini les fonctions de satisfaction pour les équipements ainsi que pour les sources d'énergie.

A partir de l'identification des deux types de services ainsi que des fonctions de satisfaction, nous avons modélisé les agents du système. Ces agents pilotent les équipements, mais aussi les sources de production d'énergie et coopèrent à la résolution du problème. En partant de ces points, deux types de connaissances ont été distinguées : connaissance privée et connaissance partagée. La connaissance privée contient toutes les données qui ne peuvent pas être formalisées de manière générale. Elle comporte les modèles comportementaux ainsi que les fonctions de satisfaction parce qu'ils ne sont pas communs à tous les agents. Au contraire, la connaissance partagée contient les données échangées entre agents qui peuvent être formalisées sous une forme standard.

Nous avons aussi présenté l'architecture du système domotique multi-agents ; il est adapté à différentes échelles de temps et se compose d'un mécanisme réactif et d'un mécanisme anticipatif. Le *mécanisme réactif* permet de réagir à des événements imprévus et d'éviter l'interruption totale de services en respectant les contraintes énergétiques tout en prenant compte des souhaits des utilisateurs. Il travaille sur des grandeurs réelles sur des périodes courtes (de l'ordre d'une minute). Nous avons rappelé les principes du système de délestage classique dans l'habitat dans le but de le comparer avec le mécanisme réactif. Nous avons remarqué que le délestage « intelligent » réalisé par les agents permet de garantir un bon niveau de satisfaction auprès des utilisateurs en s'appuyant sur les flexibilités des équipements. Le *mécanisme anticipatif* a pour objectif de calculer un plan d'affectation de l'énergie tenant compte des prévisions de fonctionnement disponibles. Ce mécanisme détermine des consignes moyennes qui sont ajustées en temps réel par le mécanisme réactif. Le mécanisme anticipatif travaille sur des périodes longues (de l'ordre d'une heure). Une approche hybride a été proposée. Elle combine les principes de deux méthodes : une méthode à base de métaheuristique et une méthode exacte. L'objectif de la méthode métaheuristique est de réduire la complexité du problème en décomposant l'espace de recherche en parties. La méthode exacte permet ensuite de trouver la meilleure solution pour la partie choisie. L'architecture proposée permet d'appréhender des phénomènes décrits avec différentes échelles de temps ; cela permet de construire une solution intégrant toutes les informations disponibles à différents niveaux d'abstraction.

Nous avons présenté une synthèse des méthodes de conception de Systèmes Multi-Agents les plus connues. Ces méthodes ont été examinées au regard de notre application. Nous avons remarqué que la méthode DIAMOND était la plus adaptée au problème de la gestion d'énergie dans l'habitat. Or, la méthode « DIAMOND » n'envisage pas d'architecture de système adaptée à différentes échelles de temps (à long et court terme). Nous avons suggéré d'ajouter dans la phase d'analyse une phase d'examen du problème suivant différents échelles (temporelle ou non).

Les perspectives à ce travail sont très nombreuses parce que le problème est complexe et qu'il présente un enjeu industriel considérable comme en témoigne les projets ANR Multisol, SIMINTHEC et HESSTIA.

Nous avons constaté que l'approche SMA, bien que favorisant ouverture et extensibilité, était moins performante à la fois en temps de calcul et en qualité de solution. Si l'accroissement du temps de calcul s'explique notamment par d'importants échanges de messages entre agents, la différence de qualité des résultats s'explique certainement par le fait que les objectifs poursuivis par les approches centralisées et SMA sont différents. Dans un cas, on minimise un critère de coût et d'insatisfaction alors que dans l'autre, on maintient un bon niveau de satisfaction pour un coût énergétique convenu par l'usager. Pour que l'approche SMA puisse conduire à des résultats proches de l'approche centralisée, il faudrait que les fonctions de satisfaction associées aux sources ne soient plus trapézoïdales avec un palier à 100% de satisfaction mais triangulaire où la satisfaction complète (100%) correspondrait à une consommation nulle et une valeur nulle correspondrait à une limite liée à un abonnement. Or, une telle fonction de satisfaction proscrit l'approche proposée. Dans ce cas, un rapprochement avec la notion de fonction d'utilité de la théorie des jeux nous semble intéressant et prometteur.

Dans le travail que nous avons présenté, nous avons considéré que les prévisions de production d'énergie et de consommation étaient au moins partiellement disponibles. Néanmoins, ces données ne sont pas toujours faciles à obtenir. Certaines d'entre elles peuvent provenir de programmations de la part des usagers, d'autres de modèles météorologiques mais d'une manière générale, ces données doivent être apprises à partir des consommations des équipements qui caractérisent les habitudes des habitants. Certains travaux exploitant des réseaux Bayésiens sont d'ores et déjà amorcés. Les prévisions sont obtenus avec un certain niveau de probabilité. Reste à intégrer dans la recherche de solutions la notion de risque : alors qu'un événement n'est pas certain, vaut-il plutôt considérer qu'il va se produire ou l'inverse ? Jusqu'à quel point une solution issue d'un SMA est-elle robuste ? Il semble que le mécanisme de co-opération du système MAHAS conduise à des solutions relativement robustes. Cela reste à vérifier.

D'un point de vue applicatif, une première implémentation de système domotique intelligent a été réalisée dans le cadre du projet ANR MULTISOL. Certains résultats ont d'ores et déjà été validés dans un contexte particulier d'habitation. Pour valider l'approche, il faudrait pouvoir valider les résultats sur des panels représentatifs d'habitations. Or, ceci ne peut pas être réalisé par des démonstrateurs qui seront toujours trop coûteux. Il faudrait disposer d'un système qui permette d'émuler différentes configurations de bâtiment en temps-réel. Ces travaux sont en cours au G2ELAB, en collaboration avec les laboratoires G-SCOP, LEGI et LIG, où des environnements de simulations virtuels multi-physiques et hybrides temps-réels sont en construction à travers deux thèses. De surcroît, un démonstrateur HQE est en cours de construction sur le site de l'ENSE3 : il permettra notamment d'étudier l'acceptabilité des systèmes domotiques intelligents par les usagers.

Pour finir, il ne faut pas omettre la dimension technologique qui est cruciale car il ne faut pas qu'une habitation équipée d'un système MAHAS consomme plus qu'une habitation identique sans MAHAS simplement du fait de la consommation du système MAHAS lui-même. Une architecture matérielle et logicielle adaptée à la faible consommation, avec des réseaux capillaires bas débits là où c'est possible, des calculateurs et des systèmes de communication pouvant être mis en veille dès que possible doivent être conçus. Ces recherches sont d'ores et déjà en cours dans le monde industriel. On citera par exemple les recherches effectuées par Schneider Electric dans le cadre de Homes ou de Orange Labs.

Bibliographie

http ://www2.cnrs.fr/presse/journal/2524.htm. CNRS Journal, N 190-191.

http://jade.tilab.com/. JADE.

http://pypi.python.org/pypi/spyse/0.1. The Spyse agent platform.

http://www.aosgrp.com/products/jack/index.html. JACK.

ADEME : Des éoliennes dans votre environement? Rap. tech., Agence de l'Environnement et de la Maîtrise de l'Energie, 2002.

M. ALAMIR et A. CHEMORI : Multi-step limit cycle generation for rabbit's walking based on a nonlinear low dimensional predictive control scheme. *Mechatronics ISSN 0957-4158*, 16(36):259–277, 2006.

K. ANDERSENA, H. MADSENA et L. HANSEN : Modelling the heat dynamics of a building using stochastic differential equations. *Energy and Building*, 31, 2000.

R. ANGIOLETTI et H. DESPRETZ : Maîtrise de l'énergie dans les bâtiments-définitions. usages. consommations. *Techniques des ingénieurs*, 2004.

C. BAEIJS : *Fonctionnalite émergente dans une société d'agents autonomes : étude des aspects organisationnels dans les systèmes multi-agents réactif*. Thèse de doctorat, Université Josphe Fourrier, Grenoble, France, novembre 1998.

A. BELLIVIER : *Modelisation numerique de la thermo-aeraulique du batiment : des modeles CFD a une approche hybride volumes finis / zonale*. Thèse de doctorat, L'Uninversité de la Rochelle, 2004.

BMU : Climate protection pays implementing and ugrading the Kyoto Protocol. Rap. tech., Federal Ministry for the Environment, Nature Conservation and Nuclear Safety (BMU), 2006a.

BMU : Renewable energies innovation for the future. Rap. tech., Geman Federal Ministry for the Environment, Nature Conservation and Nuclear Safety (BMU), 2006b.

O. BOISSIER et Y. DEMAZEAU : Asic : An architecture for social and individual control and its application to computer vision. *In Proceedings of the 6th European Conference on Modelling Autonomous Agents in Multi-Agent World : Distributed Software Agents and Applications (MAAMAW94).*

BOIVIN : Demand side management -the role of the power utility. *Pattern Recognition*, 28(10):1493–1497, 1995.

M. BOMAN, P. DAVIDSSON, N. SKARMEAS et K. CLARK : Energy saving and added customer value in intelligent buildings. *In* H. S. NWANA et D. T. NDUMU, éds : *Proceedings of the 3rd International Conference on the Practical Applications of Agents and Multi-Agent Systems (PAAM-98)*, p. 505–516, London, UK, 1998.

M. BOMAN, P. DAVIDSSON et H. YOUNES : Artificial decision making under uncertainty in intelligent buildings. *In UAI*, p. 65–70, 1999.

A. L. BOUTHILLIER, T. CRAINIC et P. KROPF : A guided cooperative search for the vehicle routing problem with time windows. *IEEE Intelligent Systems*, 20(4):pages 36–42, 2005.

B. A. BRANDIN et W. M. WONHAM : Supervisory control of timed discrete-event systems. *IEEE transaction on Automatic Control*, 39(2):329–342, 1994.

A. CASTAGNONI : Application electrodomestiques généralité. *Technique de l'ingénieur*, 2003.

B. CHAIB-DRAA et R. DEMOLOMBE : L'interaction comme champ de recherche. *Information-Interaction-Intelligence*, 2002. Numéro hors série sur l'interaction.

Y. CHARIF et N. SABOURET : Dynamic Service Composition and Selection though an Agent Interaction Protocol. *In Proc. of the 2nd Workshop on Service Composition (SerComp) of the International Conference on Intelligent Agent Technology (IAT)*, p. 105–108, December 2006a.

Y. CHARIF et N. SABOURET : Dynamic Web Service Selection and Composition : An Approach based on Agent Dialogues. *In Proc. of the 4th International Conference on Service Oriented Computing (ICSOC)*, p. 515–521, December 2006b.

G. CONTE et D. SCARADOZZI : Viewing home automation systems as multiple agents systems. *Workshop on Multiagent Robotic Systems : Trends and Industrial Applications*, 2003.

G. CONTE, D. SCARADOZZI et V. AISA : Insertion of boilers in home automation systems. *3rd International Conference on Energy Efficiency in Domestic Appliances and Lighting EEDAL 03*, 2003.

CRISTAL-CONTRÔLES : Systèmes de délestage de charges. http://www. cristalcontrols.com/controleurs-facteur-puissance/description.htm.

J. L. CROWLEY : Situation models for observing human activity. *ACM Queue Magazine*, 2006.

K. P. DAHAL, C. J. ALDRIDGE et S. J. GALLOWAY : Evolutionary hybrid approaches for generation sceduling in power systems. *European Journal of Operation Research*, InPress, 2006.

P. DAVIDSSON et M. BOMAN : A multi-agent system for controlling intelligent buildings. *In ICMAS*, p. 377–378, 2000.

P. DAVIDSSON et M. BOMAN : Distributed monitoring and control of office buildings by embedded agents. *Inf. Sci.*, 171(4):293–307, 2005.

C. de Technologies basse consommation et gestion de l'energie dans L'HABITAT : http ://best.etu.inpg.fr/biennale/. 2-5 may 2006.

Y. DEMAZEAU : From interactions to collective behaviour in agent-based systems. *In Proceedings of the First European conference on cognitive science*, p. 117–132, Saint Malo, France, April 1995.

Y. DEMAZEAU et A. R. COSTA : Populations and organizations in open multi-agent systems. *In Proceedings of the First National Symposium on Parallel and Distributed AI (PDAI'96)*, Hyderabad, 1996.

J. DÉMOUTIEZ : Nouveau concept : L'intelligence ambiante. http://jonathan. demoutiez.net/Article/14-nouveau-concept-l-intelligence-ambiante, 2005.

DGEMP : La production d'énergie d'origine renouvelable en France en 2005. Rap. tech., La Direction Générale de l'Énergie et des Matières Premières, 2005.

DGEMP : La situation énergétique de la france. Rap. tech., Direction Générale de l'Energie et des Matières Premières Observatoire de l'Economie de l'Energie et des Matière Premières, 2007.

W. DILGER : Decentralized autonomous organisation of the intelligent home according to the principle of the immune system. *The 1997 IEEE International Conference on Systems, Man, and Cybernetics*, 12-15 October 1997.

D. DONSEZ, J. BOURCIER, C. ESCOFFIER, P. LALANDA et A. BOTTARO : Implementing home-control applications on service platform. *4th IEEE, CCNC'07 : Consumer Communications and Networking Conference*, p. 925 – 929, January 2007a.

D. DONSEZ, J. BOURCIER, C. ESCOFFIER, P. LALANDA et A. BOTTARO : A multi-protocol service-oriented platform for home control applications. *4th IEEE, CCNC'07 : Consumer Communications and Networking Conference*, p. 1174–1175, January 2007b.

A. DROGOUL : *De la Simulation Multi-agents à la Résolution Collective de Problèmes*. Thèse de doctorat, Université Paris VI, 1993.

A. DROGOUL et C. DUBREUIL : Eco-problem-solving model : Results of the n-puzzle. *In* E. WERNER et Y. DEMAZEAU, éds : *Decentralized A.I. 3 : Proc. of the Third European Workshop on Modelling Autonomous Agents in a Multi-Agent World*, p. 283–295, Amsterdam, 1992. North-Holland.

A. E. FALLAH-SEGHROUCHNI, I. D. CARTAULT et F. MARC : Modelling, control and validation of multi-agent plans in dynamic context. *In AAMAS '04 : Proceedings of the Third International Joint Conference on Autonomous Agents and Multiagent Systems*, p. 44–51, Washington, DC, USA, 2004. IEEE Computer Society. ISBN 1-58113-864-4.

J. FERBER : *Les systemes multi-agents, vers une intelligence collective*. Paris InterEditions, 1995.

FIPA : Fipa acl message stucture specification. *In FIPA TC Communication*, Doc n SC00061G, 2003a.

FIPA : Fipa communicative act library specification. *In FIPA TC Communication*, Doc n SC00037J, 2003b.

G. FRAISSE, C. VIARDO, O. LAFABRIE et G. ACHARD : Development of a simplified and accurate building model based on electrical analogy. *Energy and buildings*, 1430:1–14, 2002.

M. FRIEDEWALD, O. COSTA, Y. PUNIE, P. et S. HEINONEN : Perspectives of ambient intelligence in the home environment. *Telemat. Inf.*, 22(3):221–238, 2005. ISSN 0736-5853.

B. G. THOMAS : Load management techniques. *In Southeastcon 2000. Proceedings of the IEEE*, p. 139 – 145, April 2000.

A. GÁRATE, N. HERRASTI et A. LÓPEZ : Genio : an ambient intelligence application in home automation and entertainment environment. *In Proceedings of the 2005 joint conference on Smart objects and ambient intelligence*, p. 241–245, New York, NY, USA, 2005. ACM Press. ISBN 1595933042.

F. GLOVER : Tabu-search - part 1. *ORSA Journal of Computing*, p. 190–206, 1989.

F. GLOVER : Tabu-search - part 2. *ORSA Journal of Computing*, p. 4–32, 1990.

D. L. HA : *Un système avancé de gestion d'énergie dans le bâtiment pour coordonner production et consommation*. Thèse de doctorat, Institut Polytechnique de Grenoble, 19 septembre 2007.

D. L. HA, S. PLOIX, E. ZAMAI et M. JACOMINO : Control of energy consumption in home automation by ressource constraint scheduling. *In The 15th International Conference on Control System and ComputerScience*, Bucharest, Romania, May 25-27 2005a.

D. L. HA, S. PLOIX, E. ZAMAI et M. JACOMINO : A home automation system to improve household energy control. *In The 12th IFAC Symposium on Information Control Problems in Manufacturing*, 2006a.

D. L. HA, S. PLOIX, E. ZAMAÏ et M. JACOMINO : Maîtriser la consommation d'énergie en domotique par ordonnancement sous contrainte de ressources. *In Journées Doctorales du GdR MACS - JDMACS , Lyon , 5-7 septembre*, 2005b.

D. L. HA, S. PLOIX, E. ZAMAI et M. JACOMINO : Tabu search for the optimization of household energy consumption. *In The 2006 IEEE International Conference on Information Reuse and Integration : Heuristic Systems Engineering*, Hawaii, USA, September 16-18 2006b.

Z. HABBAS, M. KRAJECKI et D. SINGER : Decomposition techniques for parallel resolution of constraint satisfaction problems in shared memory : a comparative study. *International Journal of Computational Science and Engineering (IJCSE)*, 1(2):192–206, 2005.

HAGER : Gestionnaire d'énergie du chauffage électrique dans les logements. http://www.hagerpourvous.fr/menu/gestion-energie/1024-585.htm.

T. HARTMAN : Dynamic control of heat called key to saving energy. *Air-Conditioning Heating and Refrigeration News*, 151:14–16, 1980.

D. HATLEY, R. MEADOR, S. KATIPAMULA et M. BRAMBLEY : Energy management and control system : Desired capabilities and functionality. Rap. tech., LtCol. Carl Wouden, USAF, Ret., 2005.

M. HELLENSCHMIDT et T. KIRSTE : A generic topology for ambient intelligence. *In EUSAI*, p. 112–123, 2004.

G. HENZE, P. KALZ, D. FELSMANN et G. KNABE : Impact of forecasting
accurary on predictive optimal control of active and passive building thermal
storage inventory. *HVAC*, 16(36):259–277, 2004.

Y. D. HUSSEIN JOUMAA et J.-M. VINCENT : Evaluation of multi-agent systems : The case of interaction. *In ICTTA'08 : Proceedings of the 3rd International Conference on Information and Communication Technologies : from
Theory to Applications*, Damascus, Syria, 2008. IEEE Computer Society.

IEA : Key world energy statistics. Rap. tech., International Energy Agency,
2006. URL http://www.iea.org/textbase/nppdf/free/2006/key2006.pdf.

ILOG : CPLEX tutorial handout. Rap. tech., ILOG, 2006.

ISS : http://www.univ-jfc.fr/recherche/iss.php. ÉQUIPE Informatique et Systèmes de Santé.

I. B. JAÂFAR, N. KHAYATI et K. GHÉDIRA : Multicriteria optimization in csps :
Foundations and distributed solving approach. *In AIMSA*, p. 459–468, 2004.

J. P. JAMONT : *DIAMOND : une approche pour la conception de système
multi agents embraqués*. Thèse de doctorat, Institut National Polytechnique
de Grenoble, 2005.

J. JAMONT et M. OCCELLO : Designing embedded collective systems : The
diamond multiagent method. *In ICTAI (2)*, p. 91–94, 2007.

M. W. N. R. JENNINGS et D. KINNY : The gaia methodology for agent-
oriented analysis and design. *Autonomous Agents and Multi-Agent Systems*,
3(3):285–312, 2000.

J. KAMPF et D. ROBINSON : A simplified thermal model to support analysis
of urban resource flows. *Energy and Building*, InPress, 2006.

M. KINTNER : Optimal control of an hvac system using cold storage building
thermal capacitance. *Energy and Building*, 1995.

J. KONING et S. PESTY : *Modèles de communication*. Hermes, Lavoisier, 2001.

M. KOUDIL : *Une approche orientée objet pour le codesign*. Thèse de doctorat,
Institut National d'Informatique d'Alger, 2002.

J. LAHERRERE : How to estimate future oil supply and oil demande. *In
International conference on Oil Demand, Production and Cost-Prospects for
the future*, 2003.

T. LASHINA : Intelligent bathroom. *In* -, Eindhoven, Netherlands, 2004.

E. L. LAWLER et D. E. WOOD : Branch-and-bound methods : A survey. *Operations Research*, 14(4):699–719, 1966.

X. LE, M. D. MASCOLO, A. GOUIN et N. NOURY : Health smart home - towards an assistant tool for automatic assessment of the dependence of elders. *Conf Proc IEEE Eng Med Biol Soc*, 1, 2007.

J. LIND : *Iterative Software Engineering for Multiagent Systems : The Massive Method*. Springer-Verlag New York, Inc., Secaucus, NJ, USA, 2001. ISBN 3540421661.

P. LUCIDARME, O. SIMONIN et A. LIÉGEOIS : Implementation and evaluation of a satisfaction/altruism based architecture for multi-robot systems. *In Proceedings of the 2002 IEEE International Conference on Robotics and Automation*, p. 1007–1012, Washington, USA, 1-5 August 2002.

A. MAKHORIN : GNU linear programming kit reference manual version 4.11. Rap. tech., GNU Project, 2006.

D. MARTIN, A. CHEYER et D. MORAN : The open agent architecture : a framework for building distributed software systems. *Applied Artificial Intelligence*, 13(1/2):91–128, 1999.

P. MATHIEU et M. H. VERRONS : Three different kinds of negotiation applications achieved with GeNCA. *In Proceedings of the International Conference on Advances in Intelligent Systems - Theory and Applications (AISTA) In cooperation with the IEEE Computer Society*, Centre de Recherche Public Henri Tudor, Luxembourg-Kirchberg, Luxembourg, 15-18 novembre 2004.

M. MIDDENDORF, F. REISCHLE et H. SCHMECK : Information exchange in multi colony ant algorithms. *Lecture Notes in Computer Science*, 1800:645, 2000.

B. MULTON, O. GERAUD et G. ROBIN : Ressources énergétiques et consommation humaine d'énergie. *Techniques de l'Ingénieur*, 2003.

B. MULTON, G. ROBIN, M. RUELLAN et H. B. AHMED : Situation énergétique mondiale à l'aube du 3e millénaire perspectives offertes par les ressources renouvelables. *Revue 3EI*, 36, 2004.

M. MUSELLI, G. NOTTON, P. POGGI et A. LOUCHE : Pv-hybrid power system sizing incorporating battery storage : an analysis via simulation calculations. *Renewable Energy*, 20:1–7, 2000.

C. MÉNÉZO, J. SAULNIER, D. LINCOT et G. GUARRACINO : Energy, domotics, materials welcome to the home of the future. *CNRS international magazine*, 5:18–27, 2007.

G. O. N. MENDES et H. de ARAÚJO : Building thermal performance analysis by using matlab/simulink. *In Seventh International IBPSA Conference*, Rio de Janeiro, Brazil, August 13-15 2001.

S. NARÇON : *Caractérisation des perceptions thermiques en régime transitoire contribution A l'etude de l'influence des interactions sensorielles sur le confort*. Thèse de doctorat, Ecole Pratique des Hautes Etudes, 26 octobre 2001.

OBSERVER : La production d'électricité d'origine renouvelable dans le monde. *Huitième inventaire*, 2006.

M. OCCELLO et Y. DEMAZEAU : Modelling decision making systems using agent satisfying real time constraints. *In III IFAC Symposium on INTELLIGENT AUTONOMOUS VEHICLES*.

Y. PENYA : Last-generation applied artificial intelligence for energy management in building automation. *In the 5th IFAC International Conference on Fieldbus Systems and their Applications (FET 2003)*, p. 79–83, 2003 Aveiro Portugal, July 2003.

Y. PENYA et T. SAUTER : Communication issues in multi-agent-based plant automation scheduling. *In Intelligent Systems at the Service of the Mankind, W. Elmenreich, J.A.T. Machado and I.K. Rudas (Eds.)*, vol. 1, p. 135–144, Ubooks, Regensburg, Germany, 2004.

G. PICARD : *Méthodologie de développement de systèmes multi-agents adaptatifs et conception de logiciels à fonctionnalité émergente*. Thèse de doctorat, Université Paul Sabatier, Toulouse, France, décembre 2004.

A. S. RAO et M. P. GEORGEFF : Bdi agents : From theory to practice. *In Proceedings of ICMAS'95*, p. 312–319. MIT Press, 1995.

J. RICHALET, A. RAULT, A. TESTUD et J. PAPON : Model predictive heuristic control : Applications to industrial processes. *Automatica*, 1978.

M. RODRIGUEZ : *Modélisation d'un agent autonome : Approche constructiviste de l'architecture de contrôle et de la représentation de connaissances*. Thèse de doctorat, Université de de Neufchâtel, 1994.

R. ROSEN : Anticipatory systems - philosophical, mathematical and methodological foundations. Pergamon Press, New York, 1985.

RTE : Energie électrique en france en 2003, valeurs provisoire. *Gestionnaire du réseaux de transport d'électricité*, 2003.

O. SIDLER : http://www.isr.uc.pt/~remodece/database/. Residential Monitoring to Decrease Energy Use and Carbon Emissions in Europe.

O. SIDLER : Connaissance et maîtrise des consommations des usages de l'électricité dans le secteur résidentiel. Rap. tech., 2002.

O. SIMONIN : *Le modèle satisfaction-altruisme : coopération et résolution de conflits entre agent situés réactifs, application à la robotique.* Thèse de doctorat, Université Montpellier II, 2001.

P. N. S.J. RUSSELL : *Artificial Intelligence : a Modern Approach.* Prentice-Hall, Englewood Cliffs, NJ, 1995.

R. G. SMITH : The contract net protocol : High-level communication and control in a distributed problem solver. *IEEE Transaction on Computers*, C-29(12):1104–1113, december 1980.

K. STUM, R. MOSIER et T. HAASL : Energy management systems. Rap. tech., Porland Energy Conservation Inc.(PECI), 1997.

L. VERCOUTER : *Conception et mise en oeuvre de systèmes multi-agents ouverts et distribués.* Thèse de doctorat, Université de Jean Monnet et Ecole des Mines de Saint-Etienne, 2000.

J. M. VIDAL, P. A. BUHLER et M. N. HUHNS : Inside an agent. *IEEE Internet Computing*, 5(1):82–86, jan - feb 2001.

K. WACKS : Utility load management using home automation. *IEEE transaction on Consumer Electronics*, 37:168–174, May 1991.

K. WACKS : The impact of home automation on power electronics. *In Applied Power Electronics Conference and Exposition*, p. 3 – 9, 1993.

M. WEISER : The computer for the 21st century. *In Human-computer interaction : toward the year 2000*, p. 933–940, San Francisco, CA, USA, 1995. Morgan Kaufmann Publishers Inc. ISBN 1-55860-246-1.

WO : Système de délestage de charge de distribution de courant et son procédé d'utilisation. http://www.wipo.int/pctdb/fr/ia.jsp?ia=US2006/042910.

WWF : Living planet report 2004. Rap. tech., World Wildlife Fund, 2004.

J. YANG, R. HAVALDAR, V. HONAVAR, L. MILLER et J. WONG : Coordination of distributed knowledge networks using contract net protocol. *IEEE Information Technology Conference, Syracuse, NY*, -, 1998.

Système domotique Multi-Agents pour la gestion de l'énergie dans l'habitat

Resumé : Réduire et rationaliser la dépense énergétique de l'habitat est un enjeu majeur du XXIème siècle. Si à court terme l'enjeu principal pour le génie civil est l'isolation thermique des bâtiments ; les enjeux à moyen et long termes sont ceux des « énergies propres » (solaire, éolien, etc) et du « bâtiment intelligent ». Nos travaux contribuent à la conception de bâtiments intelligents en proposant un système domotique multi-agents de pilotage des équipements consommateurs et producteurs d'énergie (MAHAS : Multi-Agents Home Automation System). L'objectif de ce travail est de montrer qu'en définissant des « agents intelligents » pour les différents équipements, il est possible de mieux gérer la consommation / production de l'énergie dans l'habitat. Le système MAHAS proposé se caractérise par sa capacité à appréhender la diversité, par son ouverture et par son extensibilité. Le système MAHAS définit trois niveaux de pilotage correspondant à différents horizons de temps : le mécanisme anticipatif, le mécanisme réactif et le mécanisme local. Les résultats sont comparés à ceux obtenus avec une approche centralisée de type recherche opérationelle.

Mots-clés : Systèmes Multi-Agents, Gestion de l'énergie, Domotique, Négociation et Coopération, Intelligence ambiante.

Mutli-Agents Home Automation System for power management in buildings

Abstract : Reducing housing energy costs is a major challenge of the 21st century. In the near future, the main issue for civil engineering is the thermal insulation of buildings, but in the longer term, the issues are those of "renewable energy" (solar, wind, etc) and "smart buildings". This PhD thesis contributes to the design of intelligent buildings. A Multi-Agents Home Automation System (MAHAS) is proposed which controls appliances and energy sources in buildings. The objective of this PhD thesis is to show that by using "intelligent agents" related to appliances it is possible to improve the energy consumption/production in buildings. The proposed MAHAS system is characterized by its openness, its scalability and its capability to manage diversity. This system proposes a multi-level control architecture composed of three mechanisms : local, reactive, and anticipative. The results are compared to those obtained by a centralized system using algorithms coming from Operational Research.

Keywords : Multi-Agents Systems, Power Management, Home Automation, Negotiation et Cooperation, Ambient Intelligence.